Over de berekening van ruimte II

SOLVEJ BALLE

Over de berekening van ruimte II

Vertaald uit het Deens door
Adriaan van der Hoeven en Edith Koenders

Uitgeverij Oevers
Zaandam 2023

Een van de vertalers ontving voor deze vertaling een projectsubsidie van het Nederlands Letterenfonds
Deze vertaling kwam mede tot stand door een financiële bijdrage van The Danish Art Foundation

Nederlands letterenfonds dutch foundation for literature

Danish Arts Foundation

Oorspronkelijke titel *Om udregning af rumfang II*

Uitgegeven in overeenstemming met Copenhagen Literary Agency

Omslagontwerp en vormgeving binnenwerk Uitgeverij Oevers
NUR 302
ISBN 9789493290778 (e-book)
ISBN 9789493290655 (paperback)

FSC www.fsc.org MIX Papier | Ondersteunt verantwoord bosbeheer FSC® C004472

www.uitgeverijoevers.nl

368

Wat had ik me voorgesteld? De tijd als een draaimolen waar je op en af kon springen? Het jaar als water dat onder mijn achttien november stroomt?

Ik zit bij het raam in kamer 16 van Hôtel du Lison. Ik heb dagen verzameld. 365 novemberdagen. Maar wat heeft dat voor zin? Alsof een serie identieke herfstdagen een jaar kan zijn. En wat heeft het voor zin om je aan het eind van zo'n jaar voor te bereiden op een sprong? Of een duik? Een jaar wachten en dan zou het opnieuw achttien november worden en kon ik uit de herhaling ontsnappen op de plek waar ik erin was gekomen. Had ik het me zo voorgesteld: een achttien november met open deuren en vrije doorgang naar een herkenbare tijd? Misschien. Maar zo is het niet.

Ik loop rond in mijn achttien november. Ik heb een uitgang gezocht, maar er is geen uitgang. Ik heb verschillen gezocht, maar er zijn geen verschillen. Het is dezelfde dag en nu snap ik niet hoe ik kon denken dat er onder al mijn dagen een gewoon jaar lag met een nieuwe achttien november die langzaam dichterbij kwam. Alsof er zich ergens in de diepte een waarachtiger tijdrekening bevond, alsof al mijn herhalingen slechts de oppervlakte waren en dat het werkelijke jaar zich schuilhield onder een rij achttien novembers. Alsof een nieuwe achttien november aan het eind van het jaar naar boven zou komen om me terug te halen. Of langs zou komen zodat ik er snel op zou kunnen springen vanuit mijn maalstroom van herhalingen. Alsof er een stuk hout langs zou drijven, een nieuwe achttien november die me kon redden uit mijn zee van herhalingen, drijfhout dat ik kon grijpen en waaraan ik me kon vastklampen tot ik vaste grond onder mijn voeten had, tot ik aan land spoelde in negentien november, in een dag met een nieuwe krant bij mijn koffie, een nieuwe receptionist achter de balie, een ochtend zonder regen. Of met stortregen, overstromingen, onweer, sneeuw, wat dan ook, als het maar wat anders was. Alsof mijn dag nummer 365 een magische afsluiting was, niet zomaar een getal in een eindeloze reeks. Alsof mijn dag nummer 366 een nieuw begin was, een nieuwe achttien november. Met een doorgang naar de negentiende. En de twintigste. Alsof er een uitgang was, niet slechts een dag die verdween en plaatsmaakte voor de volgende achttien november en opnieuw de volgende, tot dag nummer 367 en dag 368 en morgen 369.

Als er niets gebeurde, zou de reeks oneindig zijn. Er is niets gebeurd en de reeks is oneindig. Er kwam geen nieuwe, andere achttien november voorbij, er sijpelden geen waarachtiger tijdrekeningen vanuit de diepte omhoog, er dreven geen stukken hout naar me toe, ik ben niet aan land gespoeld op negentien november en het is niet de twintigste geworden. Het is dezelfde achttien november en nergens is een verandering te zien.

Ik werd gisteren vroeg wakker. Na mijn aankomst in het hotel was ik in een diepe slaap gevallen, uitgeput van de dagen vol gespannen wachten op een nieuwe novemberdag die anders was. Ik schrok wakker en voelde meteen het doosje met de Romeinse sestertie dat Philip Maurel me gegeven had. Het zat in het tasje naast mijn kussen en ik herinnerde me wat er was gebeurd: dat ik Philip was tegengekomen en met hem meegegaan was naar zijn winkel. Dat Philip en Marie me hun nieuwe appartement hadden laten zien. Ik herinnerde me hoe we tussen de spullen van de vorige bewoner door waren gelopen. Ik had ze alles verteld: dat de tijd ontwricht was, dat ik hoopte terug te keren naar een herkenbare tijd. Ze hadden me weggestuurd met een Romeinse sestertie in een tasje.

Ik stapte meteen uit bed, kleedde me aan en liep naar de receptie. Ik wist niet hoe laat het was, maar de kranten lagen al klaar, en het waren dezelfde kranten. Van de achttiende. Vers van de pers en ongelezen. In de ontbijtzaal liep de koffie al door, de tafels waren gedekt en het personeel was bezig brood en croissants op schalen en in mandjes te leggen. Ik ging zitten en hoopte dat er iets anders zou gebeuren dan op de andere novemberdagen, maar er was geen verschil en algauw zag ik dat de ochtend zich herhaalde. Ik zag bekende gezichten en bewegingen. Ik zag een stukje brood op de grond vallen, een lichte en wat zwevende val. Het was opnieuw de achttiende, natuurlijk was dat zo.

De hele dag, vanaf het moment dat ik wakker werd totdat ik gisteravond ging slapen, was alles precies zoals de andere dagen, een dag vol herkenning, en toen ik vanmorgen wakker werd was het opnieuw achttien november. Er is geen verschil. Ik ben ongehinderd jaar twee binnengegaan, of liever gezegd: ik heb achttien november # 368 bereikt in een tijd zonder jaar en jaargetijden, een tijd zonder weken en maanden, met niets anders dan één dag die zich herhaalt, en ik moet me voorstellen dat het zo doorgaat. Ik kan me niets anders voorstellen. Het is een fout die niet gecorrigeerd kan worden. Het is chronisch geworden. Het enige wat terugkeert is mijn etmaal. Het wordt ochtend en het wordt avond en het wordt nacht en het wordt weer ochtend, dezelfde dag.

Ik zit in kamer 16 van Hôtel du Lison. Vandaag heb ik niet ontbeten. Ik kwam niet verder dan de receptie, ik wierp een blik op de kranten en toen draaide ik me om en ging terug naar mijn kamer. Ik wil geen stukjes brood naar de grond zien zweven.

369

Vandaag werd ik wakker lang voordat het licht werd. Ik werd wakker doordat het hoekje van het doosje met de sestertie in mijn wang prikte. Hij zat nog steeds in zijn tasje naast mijn kussen, ik moet er tijdens mijn slaap op zijn gaan liggen, maar nu ben ik wakker, ik ben op, ik ben buiten geweest in het donker en het is nog steeds de achttiende. Het is niet de negentiende, niet de twintigste en niet de eenentwintigste geworden, en waarom zou het ook?

Het was veel te vroeg om op te staan, maar ik kleedde me toch aan. Ik trok mijn laarsjes aan, knoopte mijn jas dicht, raapte mijn tas op van de vloer, en voor ik vertrok haalde ik het doosje met de sestertie uit het tasje op het bed, pakte de munt uit het doosje, stopte die in mijn zak en legde het doosje en tasje op tafel. Ik nam mijn sleutel mee, de receptie was verlaten, en ik liep in het donker door de bijna lege straten.

Toen ik een paar uur later in het hotel terugkwam, was het licht en iets na zeven uur. Ik haalde een kop koffie bij het buffet en nam die mee naar boven, en nu ben ik aan het tafeltje in mijn kamer gaan zitten. Ik weet dat het achttien november blijft, ik weet niet wat ik met de dag aan moet, maar ik weet nu wat ik kan verwachten. Nog meer achttien novembers, dat is wat ik kan verwachten.

 # 374

Iedere dag bezoek ik mijn straten. Ik steek boulevard Chaminade over en loop door passage du Cirque. Ik steek schuin het pleintje aan het eind van de rue Renart over en loop verder door de rue Almageste. Ik ga in een café zitten of op een bankje in een park.

Er is geen verandering en ik hoef niets te doen. Ik hoef geen boeken in te kopen, niet aan veilingen deel te nemen, niet bij vrienden langs te gaan. Ik heb geen patroon van geluid en stilte dat mijn dag bepaalt, ik heb geen plannen, ik heb geen agenda. De tijd verstrijkt maar giet steeds dezelfde dag in mijn wereld, de tijd gaat nergens naartoe, heeft geen haltes of stations, alleen deze eindeloze keten van dagen.

Ik loop langs de antiquariaten in de wijk, maar ik ga er niet naar binnen. Ik kijk naar de boeken in de etalages, aarzel even, maar loop dan door. Ik maak mijn cirkels groter en ontdek andere straten. In de rue d'Ésope bleef ik voor een antiquariaat staan dat ik niet kende. Ik had de neiging om naar binnen te gaan en een paar werken uit de etalage beter te bekijken, maar ik bleef buiten staan. Ik heb daarbinnen niets te zoeken, het zijn winkels uit het verleden en ik ben geen T. & T. Selter meer.

Ik ben langs de winkel van Philip Maurel gelopen en een paar keer voor het raam blijven staan om er een blik naar binnen te werpen. Dat doe ik als Marie alleen is, ik wil niet herkend worden, ik weet wanneer Philip komt en gaat, en ik wil hem niet tegenkomen.

De sestertie heb ik nog. Hij zit in mijn jaszak en Marie heeft een andere munt op de toonbank neergezet. Gisteravond toen ik naar bed ging ben ik vergeten de munt uit mijn zak te halen en onder mijn kussen te leggen, maar toen ik vanmorgen wakker werd zat hij nog steeds in mijn zak. Ik kan hem voelen als ik door de straten loop. Als ik een hond had gehad, had ik kunnen zeggen dat ik een wandeling maakte met de hond. Nu maak ik een wandeling met een Romeinse munt. Een merkwaardige metgezel.

 # 376

Je kunt het voelen in de straten. Een leegte. Alsof er iets verdwenen is. Ik merk het aan de steentjes van de rue Desterres en als ik haastig de rue Almageste oversteek. Een verdichting die is verdampt. Er zijn minder details nu. Het voelt concreet, bijna fysiek, alsof het verkeer uitgedund is, of de voetgangers verdwenen zijn, alsof het licht en de geluiden veranderd zijn, alsof de afstand tussen de huizen groter is geworden, de straten breder zijn geworden, maar ik weet best dat er niets is veranderd, er zijn nog steeds mensen en er is nog steeds verkeer, de geluiden zijn niet veranderd en het licht is ook niet veranderd. Het zit in mezelf, ik heb hier niets meer te zoeken, dat is het. Ik loop door dezelfde straten, maar ik word gedreven door de macht der gewoonte, meer niet. Ik was hier altijd met een goede reden, maar nu voel ik me overbodig. Ik loop door de stad en ik heb geen ander doel dan van de ene dag in de andere te komen. Ik ben gewoon een mens die door de straten cirkelt, misschien niet eens een mens, misschien eerder een dier, geen roofdier, geen prooidier, geen dier dat honger heeft of verzadigd is, gewoon een wezen dat langs de huizen trekt.

 # 378

Ik werd vandaag laat wakker en ging pas in de loop van de middag naar buiten. Ik volgde een andere route dan normaal, maar ik werd opnieuw getroffen door dit gevoel, een vorm van leegte, alsof er iets ontbrak.

Terwijl ik door de straten liep, begon ik me duizelig te voelen. Ik had het koud en ik ging op zoek naar een plek waar ik naar binnen kon, maar het was alsof er geen plaats was. Er waren geen voor de hand liggende plekken om naartoe te gaan, geen plekken waar ik me kon terugtrekken en waar ik spontaan een poosje kon blijven. Ik zocht een park of een bankje, maar geen enkele plek leek geschikt. De plekken waar ik vaak kwam, leken afwijzend en gesloten. Geen van de bankjes of caféstoelen die ik zag waren voor mij. Geen trottoir of zebrapad paste bij mijn voetstappen. Ik voelde me misplaatst, een buitenstaander. Ik hoorde hier niet en ik kon er niets aan doen.

Uiteindelijk ging ik een bijna leeg café binnen waar ik aan een tafeltje bij het raam wilde gaan zitten, maar ik had het gevoel dat de stoelen me probeerden af te schudden. Eerst leek het maar één stoel te zijn die wat wankel aanvoelde, maar toen ik opstond en op een andere ging zitten, kreeg ik het gevoel dat er nu iets mis was met de tafel. Ik trok een beetje aan de tafel en verschoof de stoel waarop ik was gaan zitten. Ik voelde me verward en onrustig, en toen ik het meubilair eindelijk in balans had, kwam niemand mijn bestelling opnemen, dus verliet ik het café en liep weer de straat op.

Dat maakte geen verschil. De straten voelden verlaten. Alsof de atmosfeer veranderd was, de lucht dunner, alsof er een materiaal uit het asfalt was verdwenen waardoor het poreus was geworden, een nuanceverschil in de kleur van de muren van de huizen, ik weet het niet. Er was iets verdwenen, iets met de kleuren, de geluiden misschien, alsof een van de grondstoffen van de wereld in één keer was weggesijpeld, of misschien eerder als een nieuwe vorm van leegte, een onbekend soort leegte.

Ik probeerde het gevoel van me af te schudden terwijl ik verder door de stad liep. Ik sloeg hoeken om en kwam in straten vol verkeer en galerijen vol mensen, en beetje bij beetje nam de wereld zijn vertrouwde vorm weer aan. Ik hees mezelf weer aan land, terug de wereld in, en het grootste deel van de middag zwierf ik rond en probeerde ik om dit gevoel van leegte heen te navigeren. Ik liep door parken, over grindpaadjes, langs bankjes en speelplaatsen, maar zonder te gaan zitten, behalve een paar minuten toen ik even op een wat vochtige bank bij de fontein in passage du Cirque neerstreek.

Aan het eind van de middag kwam ik terug in het hotel, kocht een sandwich bij de receptie en liep naar mijn kamer. Op weg naar boven keek ik naar mezelf en kreeg het gevoel dat mijn verschijning iets aftands had: iets sleets, sjofels, vodderigs, maar ik kon niet bedenken wat het was. Het kwam niet door mijn kleren. Ik zag mezelf in een spiegel toen ik de gang in liep naar mijn kamer. Mijn kleren waren niet meer versleten dan toen ik hier voor de laatste keer was, mijn laarsjes had ik veel gedragen tijdens mijn wandelingen vanuit de logeerkamer in Clairon, maar echt afgetrapt waren ze niet. Ik droeg een jurk, een andere dan de vorige keer, de oude had ik in Clairon laten liggen, deze was nieuwer, er was niets mis mee en mijn jas zag eruit zoals altijd, het kan zijn dat ik aan een nieuwe toe ben, maar het is niet iets wat opvalt. En toch leek het alsof ik weggestopt was in een rommelhok, sleets, stoffig en uit de roulatie genomen.

Ik weet natuurlijk dat het alleen aan mezelf ligt: dat ik geen idee heb welke kant ik uit moet. Er is geen grondstof verdwenen. Er is geen recent ontdekt soort leegte. Het komt gewoon doordat ik geen reden kan bedenken waarom ik door de straten zou lopen. Ik loop langs winkels en hoef niet naar binnen. Ik steek een straat over of loop door een park en ik voel me ongemakkelijk, overbodig, miserabel, misplaatst. Ik ben niet langer Tara Selter, de antiquaar met gevoel voor detail en oog voor boeken die interessant zijn voor verzamelaars. Ik ben niet Tara Selter die aan het werk is. Ik ben geen inkoper van boeken van de firma T. & T. Selter. Zij is verdwenen: Tara Selter die binnenstapt om iets te vragen, om te onderhandelen, te kijken, te kopen, af te spreken, te organiseren. Tara Selter de antiquaar is weg, een mens aan het werk met een zaak in opbouw, in ontwikkeling, een handelaar met klanten en collega's. De Tara Selter met een toekomst is weg. De Tara Selter met dromen en verwachtingen is uit beeld gevallen, van de wereld gegooid, over de rand gestroomd, eruit gegoten, weggevoerd met de stroom achttien novembers, verloren, verdampt, naar zee gedreven.

Op mijn kamer legde ik de sandwich op het tafeltje en trok mijn jas en laarsjes uit, maar toen ik even later met lange tanden aan mijn half uitgedroogde sandwich begon, ging het brandalarm van het hotel ineens af. Dat verbaasde me even, want ik had het alarm niet eerder gehoord, maar dat kwam natuurlijk doordat ik op die andere dagen niet rond vijf uur in het hotel was geweest. Het alarm verontrustte me niet. Het moest vals alarm zijn, want het hotel was immers niet afgebrand en ik had op geen enkel moment een spoor van brand gezien, dus ik deed niets en even later stopte het alarm ook. Ik stond op en keek uit het raam. Er stonden mensen op straat en ik dacht dat achttien november dus een vals brandalarm in Hôtel du Lison bevatte. En wat nu? dacht ik. Nu niets. Ik zag een brandweerauto aankomen, maar er was geen teken van brand en de slang werd niet uitgerold. Een brandweerman stond kalm met de receptionist van het hotel te praten en ik ging weer zitten en nam nog een hap van mijn sandwich.

Pas achteraf drong het tot me door wat het betekende: dat ik niet meer op mijn hoede ben, dat ik niet langer uitkijk naar drijfhout dat ik kan vastgrijpen, dat ik het niet eens als een mogelijkheid beschouwde dat er brand was in Hôtel du Lison, dat het een nieuwe achttien november had kunnen zijn, dat het een sprong in een nieuwe tijd kon zijn, dat het hotel kon afbranden en dat ik in levensgevaar kon verkeren, precies op het moment dat de tijd zijn gewone loop hernam. Maar ik ging er zonder meer van uit dat het vals alarm was.

Een paar dagen geleden zou ik opgesprongen zijn en verandering hebben bespeurd, maar ik bleef gewoon werkeloos zitten met een half opgegeten sandwich, en die ligt hier nog steeds op de tafel naast me, niet omdat ik die in alle haast heb achtergelaten vanwege een evacuatie, maar omdat de korsten droog zijn. Ik geloof niet meer in variaties, ik zoek niet naar verschillen, en zelfs een brandalarm verandert niets aan mijn verwachtingen ten aanzien van een dag die zich steeds weer herhaalt.

Ik hoor nog steeds stemmen in de gang voor mijn deur, maar op de stoep voor het hotel staan allang geen mensen meer. De laatste hotelgasten keren terug naar hun kamers, de brandweerauto reed al vrij snel weer weg en het gevaar is geweken. Het is een rustige dag in Hôtel du Lison. Er zijn geen slachtoffers en geen gewonden gevallen. Ik zit in een hotelkamer, ik ben veilig, Thomas is veilig in zijn achttien november in Clairon, hij is doornat van de regen thuisgekomen in een huis waar het kil is geworden, maar dat is alles. Hij is terug in zijn woonkamer, hij heeft de houtkachel aangestoken, hij heeft een prei uit de tuin gehaald en een paar uien uit het schuurtje. Er is geen reden tot zorg. Ik heb een man die vindt dat ik het beste zelf een oplossing kan gaan zoeken. Ik heb vrienden die menen dat ze me niet kunnen helpen en die misschien niet eens geloven dat ik de waarheid spreek, maar die me weg hebben gestuurd met een Romeinse sestertie in een tasje. Tara Selters laatste missie: de trap op met een vuilniszak en inpakken en wegwezen met haar tasje. En nu loop ik over straat, overbodig en uit de running. Het is geen ramp. Het is niet niks, maar het valt ook wel weer mee.

 # 379

En nu achttien november chronisch is geworden: mijn dagen zijn eenvoudig, ik loop door bekende straten, maar ik hoor hier niet. Ik hoor stappen achter me. Ik word onrustig. Ik draai me om. Ik denk dat iemand iets van me wil en dat wat hij of zij van me wil niet veel goeds is. Maar er is niemand, het zijn mijn eigen voetstappen die ik hoor en zelfs het geluid van mijn voetstappen is overbodig. Ik loop in een ruimte die leeg zou moeten zijn. De plaats die ik inneem zou vrij moeten zijn, maar om een of andere onverklaarbare reden heeft Tara Selter die plaats ingenomen.

Om mij heen zijn mensen op weg naar hun werk. Ze doen winkels open en lopen in formaties naar metrostations, ze weten waar ze naartoe gaan, ze worden voortgetrokken, maar ik kan niet voelen wat er aan hen trekt, het is een snoer dat ik niet heb, het is iets waar ik geen deel van uitmaak. Ik kan niet aanhaken. Of er is iets dat hen door de straten spoelt, een stroom die hen meevoert, maar een stroom die mij niet bereikt. Of het is misschien een inwendig mechaniek. Iets wat hun stappen door de straten stuurt, een innerlijke drijfveer, die ik niet heb, een veer die niet aangespannen kan worden, een mechaniek dat ontbreekt. Ik weet niet of er aan ze wordt getrokken of dat ze worden meegevoerd door een stroom, of dat er innerlijke mechanieken zijn die ze door de straten sturen, maar ik weet dat het bij mij niet werkt.

Ik ben omgeven door mensen in beweging, plotseling gaan ze allemaal dezelfde kant op, ik kijk om me heen, en er is inderdaad een metrostation, en daar gaan ze heen. Rijen mensen op weg naar de ingang. Ik sta buiten de rijen. Als ik te dicht bij hun rijen kom, loop ik in de weg. Ik ben een buitenstaander, een vergissing. Ik ben Tara Selter verdwaald in achttien november. Niet verloren, gewoon verdwaald. Ik ben uit de dag gevallen, maar dat is niet tragisch, dat is niet komisch, ik ben gewoon van de wereld gevallen, ik heb me niet bezeerd tijdens mijn val, ik ben opgestaan en heb wat vuil van mijn knieën geslagen, dat is alles.

Ik heet Tara Selter. Ik bevind me in achttien november, het echoot om me heen. Ik ben een wonderlijk wezen dat zich niet tussen mensen zou moeten bevinden die weten waar ze heen gaan. Dat verder zou moeten gaan. Dat in de weg loopt als mensen proberen te doen wat ze moeten doen.

Ik ga opzij, weg van de hectische rijen. Ik kom in straten die ik niet ken, ik sla onbekende hoeken om, ik kom in cafés waar ik nog nooit geweest ben. Ik neem mijn echo met me mee, een speciale leegte in het geluid als ik de stoel bij een tafel wegtrek en in een hoekje ga zitten. Ik zet mijn tas op de stoel naast me. De tas is groot genoeg om mij voor een reiziger te laten doorgaan en klein genoeg om hem de hele dag bij me te hebben. Door de tas lijkt het alsof ik iets moet. Ik loop nog steeds in de weg, maar soms vind ik een hoekje in de wereld waar ik eventjes kan zitten. Ik haal adem. Ik houd me gedeisd.

Ik kan mijn dagen tellen en dat doe ik. Ik kan erover schrijven en dat doe ik. Ik heb een notitieboekje met streepjes en getallen. Ik heb een map met aantekeningen van achttien november, ik heb geld en creditcards. Ik heb een balpen waarop *7ème Salon Lumières* staat, ik kan schrijven wat ik wil, ik kan reizen waarheen ik wil, het ontbreekt mij aan niets.

Ik loop langs een afgrond, ik tel de dagen en schrijf ze op. Dat doe ik om niet te vergeten. Of om greep te houden op de dagen. Of misschien omdat het papier zich herinnert wat ik zeg. Alsof ik besta. Alsof er iemand luistert.

 # 383

Ik had gedacht dat ik terug zou gaan. Naar Clairon-sous-Bois. Naar Thomas. Als er niets gebeurde. Als een jaar niets betekende. Als er geen uitgang aan het eind van het jaar was. Misschien zou ik eerst Philip en Marie een bezoekje brengen. Ik stel me voor dat ik ze om raad zou vragen, dat we aan de toonbank waren gaan zitten en dat ze verschillende oplossingen zouden hebben aangedragen, de ene nog vreemder dan de andere. Dat we de situatie komisch hadden gevonden. We zouden gelachen hebben. We zouden hebben gepraat over stof en brandwonden, lachend over de vreemdheid van de tijd. Ik had waarschijnlijk gedacht dat ze me konden helpen, het in elk geval zouden proberen, dat ze zouden doen alsof ze het probeerden. Dat ze ten minste mee zouden lachen. En als er geen uitweg was, zou ik zeker de trein terug naar Clairon nemen. Ik zou door de regen lopen, ik zou Thomas vertellen dat ik teruggekomen was omdat de tijd stil was blijven staan, dat ik had geprobeerd om terug te springen, dat ik klaar had gestaan, dat alles wat ik wilde was: terugkeren. Naar Thomas, naar Philip en Marie, naar de mensen op straat, naar stromen en rijen, naar het gemeenschappelijke ritme, naar Tara Selter, antiquaar met gevoel voor papier en oog voor detail. Dat het niet zo was dat ik niet met hun tijd mee wilde gaan, maar dat ik dat niet kon. Ik had het geprobeerd.

Maar misschien ben ik gewoon alleen. Misschien hoor ik er niet bij. Misschien moet het zo zijn, maar ik probeer het, ik neem een aanloop, en soms als ik op straat in een stroom mensen terechtkom, als ik langs een bushalte loop, net op het moment dat er een bus stopt en ik plotseling gevangen zit in een groep wachtende passagiers, als ik met de stroom mee de bus in ga, als ik bij een metrostation van de goede kant en in het juiste tempo kom aanlopen, dan past mijn ritme er opeens bij, ik loop mee, soms word ik bijna meegedragen, ik stap in en uit, ik word gestuurd, het is net alsof ik begrepen word, raad krijg. Als ik maar luister.

Meestal duurt het niet zo lang, want als de bus plotseling weer leegstroomt en ik met de stroom mee de stoep op loop, of als ik ergens in een straat ben beland die ik niet ken, ben ik weer alleen. De mensenstroom verspreidt zich, het geluid van mijn voetstappen dat was opgegaan in de massa is nu weer te horen in de straat, en de echo om me heen klinkt op. De straat opent zich, de mensenmassa die me meevoerde had een doel dat ik voor even leende, maar dan sta ik daar, de mensen hebben zich verspreid, zijn overgestapt op andere vervoermiddelen, gebouwen binnengestroomd of zijn snel doorgelopen naar andere straten, en ik begin zelf wat rond te dwalen, niet zo snel als zij, want ik vertraag mijn pas, ik slenter door de stad, en vroeg of laat keer ik terug naar Hôtel du Lison.

Toch ga ik er de volgende dag weer op uit, ik pak mijn tas in, loop rond in de leegte, klaar om mee te gaan als iemand me de weg wijst, en dan, als ik plotseling in een beweging, in een stroom beland, als ik voel dat ik meegetrokken word, een bepaalde kant uit, dan ga ik mee. Dat is niet zo moeilijk. Je moet er klaar voor zijn, maar dan gaat alles vanzelf. Het is alsof je op het strand staat, het water is koud, je bent er klaar voor, je wilt graag in het water springen, je wacht, je bent verstijfd in je beweging, alsof de weg naar het water geblokkeerd is, maar dan komt er iemand aanrennen die het water in springt, en jij gaat ook, gevangen in de beweging van de ander, je zet aan en opeens ben je in het water, onder water, duikt, zwemt in het koude water, eerst ijskoud, en dan plotseling is het niet meer koud, elke aarzeling is weg, je bent niet voortgestuwd, je bent zelf het water in gerend, je bent er zelf in gedoken, je hebt het rennen, duiken en zwemmen op je genomen en je wordt niet langer in een bepaalde richting geleid, je bent in beweging en je kunt doorgaan alsof je geen moment geaarzeld hebt.

Op deze manier kom ik mijn dagen door: ik stort me in de mensenmenigte, ik laat me meevoeren, ik ben in beweging, ik ga mee, maar op het laatst, als ik me door de stroom mee heb laten voeren, als ik in bussen en treinen ben gestapt en er weer ben uitgestapt, als ik uit metrostations ben gekomen of op de stoep bij een bushalte ben beland, verlies ik het momentum. Ik vertraag mijn pas, blijf staan. Het is alsof er iets mis is met het mechanisme dat de beweging in gang zou moeten zetten. Er wordt iets ingeschakeld, maar dan aarzel ik, ik ga langzamer lopen en doe een stap opzij. Ik wijk uit naar de vluchtstrook, ik blijf achter en loop minder drukke straten in. Het maakt niet uit, ik ben niet verdwaald, ik zoek gewoon een bankje waar ik een poosje op kan gaan zitten, of ik loop terug, ga weer naar mijn hotel, en als de dag ten einde loopt is de snelheid er helemaal uit, ik ga slapen en de volgende dag zoek ik nieuwe mensenstromen om me in te storten.

387

Mijn cirkels zijn groter geworden. Op een dag belandde ik in het Bois de Boulogne, op een andere dag kwam ik tot aan Fontainebleau, en nu zit ik zonder kaartje in een trein naar het noorden, omdat ik me door de stroom mensen liet meevoeren, en opeens waren we op weg naar de trein. Ik volgde de ochtendspits. Bij een halte stapte ik met de wachtenden in een bus die me naar Gare du Nord bracht, een stroom mensen voerde me door het station en nu zit ik in de trein naar Lille. Er zitten mensen in de trein, ze zijn op weg, ik weet niet wat ze gaan doen, maar zo meteen stappen we uit, want Lille-Europe is het eindstation.

Mijn tas staat op de grond naast me, hij is lichter nu, want mijn boeken, reservekleren en toiletspullen liggen nog in het hotel. De sleutel van kamer 16 heb ik wel bij me, maar die heb ik nergens voor nodig. De sleutel van het huis in Clairon, van Thomas' huis, zit ook in mijn tas. Ik zou makkelijk terug kunnen gaan. Ik weet de weg. Het is bekend terrein. Ik ken de stations, maar het is niet de juiste weg.

388

In Lille ben ik uitgestapt. De ochtendspits werd ochtendverkeer, de stroom mensen dunde uit, ik was de laatste passagier die de trein verliet, langzaam en aarzelend, zo langzaam dat ik op het perron bleef staan. Plotseling waren er geen mensen meer om me heen en werd ik nergens heen gevoerd. Kort daarop verliet ik het station, nam mijn intrek in een hotel in de buurt en dwaalde wat door de stad. Ik wilde een tandenborstel kopen, maar plotseling stond ik voor de papierwinkel waar ik ooit eens een groen linnen notitieboekje had gekocht, en waar ik nog nooit in geschreven had. Ik stapte naar binnen, en op dezelfde plaats als eerder lag een stapeltje notitieboekjes met groen linnen kaft. Een ervan moest dat van mij zijn, dacht ik en ik kocht er weer een, misschien hetzelfde. Misschien een dat er precies zo uitziet.

Gisteravond heb ik het onder mijn hoofdkussen gelegd, samen met een nieuwe tandenborstel en een tube tandpasta, en alles is er nog. Ik werd vroeg wakker, ontbeet in het hotel, en er was niemand die brood liet vallen, er waren geen ochtendkranten en ik mis ze niet. Ik mis de spullen die ik in kamer 16 heb achtergelaten niet, ik voel me lichter zonder mijn boeken en ik red me wel met de kleren die ik aan heb. Ik loop met lichte tred, zonder zwaarte, bijna leeg.

 # 389

Het notitieboekje zit in mijn tas op de stoel naast me en

wacht erop in gebruik genomen te worden, maar ik heb het nog niet tevoorschijn gehaald. Het ligt daar maar gelinieerd te zijn, terwijl ik op het papier uit mijn map schrijf, want ik heb nog steeds papier. Ik heb mijn balpen en mijn tas. Ik heb mijn zitplaats in de trein, ik heb mijn jas en een telefoon, die het alweer niet doet.

Om me heen zitten mensen met jassen, tassen en telefoons. Ik kan horen dat sommigen van hen een leven hebben dat ze aan het leven zijn, ze hebben plaatsen waar ze heen moeten en dingen die ze moeten doen. Ik weet niet of ik een leven heb dat ik aan het leven ben, maar ik heb niets te doen en ik hoef nergens heen. Ik heb oren om mee te horen en wie wil kan iets van zijn medepassagiers gebruiken. Hun leven en plaatsen. Dingen die ze moeten doen. Of van ze stelen, want ergens voelt het alsof je ze iets ontneemt. Alsof het niet de bedoeling is dat je luistert. Ze geven het weg, maar het voelt niet echt als een geschenk.

Een man heeft het druk met het organiseren van een overleg of een algemene ledenvergadering, er zijn wat onenigheden en hij belt rond om zijn zaak te bepleiten, het bestuur moet vervangen worden, er moeten besluiten genomen worden en hij is bezig een of andere vorm van overeenstemming of harmonie te vinden, als een koordirigent die ervoor moet zorgen dat het koor goed klinkt, maar zonder dat iemand in de gaten krijgt dat hij de dirigent is. Het klinkt gecompliceerd, hij belt met verschillende mensen en wij zitten in de trein om hem heen, passagiers in zijn koormachine, we luisteren omdat het onmogelijk is om dat niet te doen, ik geloof dat het over een zeilclub gaat. Hij heeft het over de inkoop van boten, over het aantrekken van meer jongeren, de jeugdafdeling nieuw leven inblazen, zegt hij. Hij heeft het over financiering en subsidie, over grote plannen, over een clubhuis. Ik weet niet wat zijn reisdoel is. We zijn niet in de buurt van de zee, ik ben nieuwsgierig geworden, hij spreekt met verschillende mensen die hij instructies geeft over wat ze moeten zeggen tijdens de vergadering. De uitkomst is nog onzeker, nu overweeg ik hem te gaan volgen, want de vergadering is vanavond, hij kan er net op tijd zijn, zegt hij.

Hij is op weg naar Duinkerken. Dat vertelt hij aan de conducteur. Hij moet zo overstappen en ik krijg zin om naar zee te gaan. Ik heb zin om te varen, om op een veerboot of een zeilboot te zitten, zin in water, horizon.

Maar dan legt hij zijn telefoon weg en nu zit hij achter zijn laptop, de wind zwakt af, de zeilen flapperen een beetje, dan verschuift mijn aandacht. Ik hoor hoe een vrouw het avondeten bespreekt met haar zoon, ik weet niet waarom ik denk dat het een zoon is, maar ik ben er tamelijk zeker van. Ze gaan iets met kip eten, een gerecht dat de zoon al eerder gemaakt heeft. Er moeten jalapeños in. Hij zoekt een pot met jalapeños. In de koelkast. Misschien op de bovenste plank. Misschien achter het klepje. Hij heeft ze gevonden. Dus is het avondeten gered.

390

Ik ging mee naar Duinkerken, ik stapte over op een andere trein en kwam tot de haven, maar daar bleef het bij. Tegen de tijd dat we daar eindelijk aankwamen was ik de koordirigent allang uit het oog verloren, maar ik vond een hotel bij de haven. Met uitzicht op de zee, die stil en grijs was. Voordat ik er was had ik al geen behoefte meer aan algemene ledenvergaderingen of schepen. Ik besefte dat ik geluk had gehad in Lille. Dat ik in een hotelkamer wakker had kunnen worden die al bezet was, waar iemand 's avonds op de zeventiende naar bed was gegaan en wakker was geworden in mijn bed op de ochtend van de achttiende. In principe. Als de dag zich gedroeg zoals je kon verwachten. Gelukkig was ik vroeg aangekomen en had ik een kamer gekregen die niet bezet was geweest op de zeventiende.

Toen ik in het hotel in Duinkerken aankwam was het al laat in de middag en dit keer vroeg ik om een kamer waar niet onlangs iemand had geslapen en die daarom één dag of twee dagen niet was schoongemaakt. Ik kon niet tegen schoonmaakmiddelen, beweerde ik. Ik wilde er best meer voor betalen.

De receptionist controleerde het. In de kamer die ik kreeg waren de afgelopen drie dagen geen gasten geweest. Gelukkig was het laagseizoen, zei hij. Ik ging naar mijn kamer, maakte de deur open en ging bij het raam zitten met uitzicht op de haven, tot ik het koud kreeg, want er was geen verwarming in de kamer. Ik kroop in bed, onder een dekbed en een sprei met blauwe blokken, en kort daarop viel ik in slaap.

Vanmorgen werd ik alleen wakker in een lichtgrijze ochtend en nu ben ik opnieuw onderweg, want ik ben in een trein gestapt, een lokale trein, en nu rijden we weer landinwaarts. We stoppen bij stationnetjes, mensen stappen in en uit, de stoelbekleding is geblokt en mijn tas staat op de stoel naast me, want er zijn niet veel passagiers.

Vandaag geen telefoongesprek, maar dat had best gekund, want de een spreekt en de ander zwijgt. De zwijgende is onderweg naar een pasgeboren kleinkind, dat heeft ze nog wel kunnen zeggen, maar nu luistert ze alleen maar. Ze heeft niets te vertellen. De man met de honden wel. De vrouw luistert vriendelijk, knikt soms. Ze zitten tegenover elkaar met een tafeltje tussen hen in en er liggen ook twee grote honden op de vloer onder de tafel, een grijzige en een gevlekte. De gevlekte is altijd treurig, haast depressief, vertelt de eigenaar. Hij heeft namelijk een vriend verloren, zegt hij. Tot een paar maand geleden had hij een andere hond en toen die doodging werd de gevlekte doodongelukkig. Een paar weken later kreeg hij de grijze hond. Hij was bedoeld als de nieuwe vriend van de gevlekte, maar ze waren nog geen vrienden geworden.

Ik denk dat ze hebben gezien dat ik meeluister, maar ze kunnen niet zien dat ik hun gesprek opschrijf. Ik heb een tafeltje voor me en we kunnen elkaar alleen maar zien als ik voorover leun en hun kant op kijk. De vrouw die onderweg is naar haar kleinkind voelt dat ik luister. Ze buigt voorover en werpt een blik mijn kant op alsof ze haar medepassagier wil beschermen, hem wil vrijwaren van nieuwsgierige oren, maar ik blader in mijn papieren en kijk op mijn telefoon, en dan begrijpt ze dat ik iets anders aan het doen ben. Waarom zou ik meeluisteren? Een jonge vrouw met een zwarte map met papieren, een reistas en een mobiel. De telefoon heeft geen verbinding meer met de buitenwereld, maar dat kunnen ze niet zien.

Hij had altijd gedacht dat hij de beste vriend van zijn hond was. 's Avonds als hij naar bed ging, gingen de honden elk aan een kant van hem liggen: zijn oude hond aan de ene kant en de gevlekte aan de andere kant dicht tegen hem aan. Hij voelde zich geliefd. Ik leun iets voorover en draai me een beetje. Ik kan zien dat zijn toehoorster knikt. Dat begrijpt ze heel goed.

Maar toen de oudste hond stierf wilde de gevlekte niet meer bij hem in bed liggen. De hond rouwde, zei hij. Hij was ontroostbaar. Hij probeerde het dier in bed te tillen, hij wilde het troosten, hij dacht dat de hond van hem hield, dat hij zijn beste vriend was.

Dat was niet het geval. De hond had in zijn bed gelegen omdat hij op die manier het dichtst bij de andere hond kon komen. Ik zat alleen maar in de weg, zei de hondenbezitter. De hond tolereerde me. Maar de gevlekte had het liefst alleen met de andere hond in bed gelegen. De hond die nu dood was. Ik was een obstakel, zei hij, en toen de oude hond stierf was er geen reden meer voor de gevlekte om in het bed te gaan liggen. Hij trok zich terug op een kleed in de woonkamer.

Toen hij besefte dat zijn honden helemaal niet van hem hielden, schafte hij de grijze hond aan, een schapendoes, zei hij terwijl hij voorover boog en het dier over zijn lange krullerige vacht streek. Dan had de gevlekte tenminste een vriend. Nu sliepen ze in aparte hondenmanden in de woonkamer. Hij sliep alleen in zijn bed.

Zijn toehoorster knikte maar zei niets, want de man met de honden was niet uit op sympathie, hij vertelde gewoon zijn verhaal. Het enige wat hem dwars zat, zei hij, was dat hij gedacht had dat zijn honden zo veel van hem hielden dat ze ’s nachts niet van zijn zijde weken. Hij voelde zich beetgenomen. Dat wil zeggen, hij was beetgenomen door zijn eigen zelfbeeld, want zijn honden hadden nooit gezegd dat ze van hem hielden. De oude hond lag er waarschijnlijk gewoon voor de warmte, misschien uit oude gewoonte, en de gevlekte had nooit gezegd dat hij speciaal naast hem wilde liggen.

Ik was niet de enige die meeluisterde. Toen hij klaar was met zijn verhaal keken sommige andere passagiers plotseling weg, en een vrouw die een paar banken verderop zat haalde diep adem en keek naar het landschap. Ikzelf begon in mijn papieren te bladeren toen hij klaar was met zijn verslag. Ik geloof niet dat de toehoorster iets wist te zeggen, of misschien was het gesprek ook gewoon afgelopen en nu zitten ze uit het raam te staren terwijl de man met de honden de gevlekte aait, die onder de tafel overeind is gekomen.

 # 395

Ik word niet meer meegevoerd door mensenstromen. Ik hoef me niet meer in meutes te storten. Ik heb geen volgepropt openbaar vervoer meer nodig. Ik begin te houden van het ochtendverkeer met niet te veel reizigers, van open coupés, van langzame passagiers met koffiebekers en bruine papieren zakjes.

Ik luister. Ik heb een boek of mijn papieren voor me en soms schrijf ik iets op, niet altijd, maar in de coupés met hier en daar een reiziger aan een tafeltje of in een hoekje bij het raam is er een onderlinge vertrouwelijkheid, we groeten elkaar, een knikje, we zijn voor even bekenden, maar dan trekken we ons terug. We hebben telefoons, boeken of papieren die gelezen moeten worden. We hebben kranten of koptelefoons en laptops.

Bij een vrouw is er ingebroken in haar huis en nu vertelt ze haar verhaal door de telefoon. Ze moet het al vaak verteld hebben, want er is niets dat niet klopt. Ze heeft haar verhaal verfijnd, het klinkt consistent, niet aarzelend of onsamenhangend, ze is niet meer boos of geschokt.

Ze verwacht dat we meeluisteren, maar ze weet het niet zeker. Ze kijkt om zich heen, we zijn niet met veel, misschien met vier of vijf mensen binnen gehoorafstand. We gaan straks de grens over, ze spreekt Frans, maar we zijn bijna in Duitsland, ze kan niet weten wie van ons dezelfde taal spreekt, maar het is een verhaal dat we gerust mogen horen.

De luisteraar aan de telefoon heeft het verhaal nog niet eerder gehoord, want het begint met een introductie vol details. Details van de inbraak, het glas in de gang waar het raam van de deur is ingeslagen en in de kamer van haar dochter, bij Sandrine, zegt ze, en dat moet haast wel haar dochter zijn, in haar kamer was alles overhoop gehaald, Sandrines doosjes, overal hadden ze gezocht. Maar niet in de koektrommel, en in de koektrommel zat al het geld voor de vakantie, maar dat hadden ze niet gevonden. Er klinkt een kleine triomf in haar stem door, dus ik denk dat het een dure vakantie was en dat er behoorlijk wat geld in die koektrommel zat. Dan volgt een pauze. Je kunt horen dat het verhaal afgelopen is. Het detail van de koektrommel is het slotstuk, dat blijft even hangen, een merkwaardig einde, dat niet klinkt als het einde van een gesprek, eerder als een fanfare, een triomf. Het is stil, de luisteraar zegt kennelijk niets, want de bestolene antwoordt niet, het is gewoon een pauze.

Dan verandert ze van onderwerp, want ze moet afspraken maken, een vriendinnenavond regelen, een ontmoeting met oude bekenden. Er ontbreekt een verklaring voor de koektrommel, vind ik. Waar stond die en waarom hebben de dieven die niet gevonden? De luisteraar moet bekend zijn met de koektrommel, want die werd niet verder toegelicht en de bestolene stapte bijna onmerkbaar van Sandrines doosjes over op de koektrommel. Van de kinderkamer naar de keuken waarschijnlijk, want als er ergens anders een koektrommel gestaan zou hebben, in de woonkamer of de gang, zou die wel opgevallen zijn. Maar wie stopt er contanten voor de vakantie in een koektrommel en wie heeft zoveel contanten in zijn koektrommel dat hij ervan op vakantie kan?

Ik heb zelf weliswaar een tas vol contanten. Ik neem elke dag zo veel mogelijk geld op, want je weet maar nooit of je ineens geld nodig hebt. Ik kan toch niet weten of mijn creditcards eeuwig zullen werken? Maar dat is een andere situatie, vind ik. Ik zou nooit contanten in een koektrommel bewaren. Misschien geldt dat ook voor dieven. Misschien hebben ze hem daarom niet gevonden. Misschien ben ik meer als de dieven, ik steel het leven van mensen? Ze hebben hun koektrommels in de coupé uitgestald, maar het is de vraag of je er wel zelf iets uit mag pakken. Misschien delen ze met plezier uit aan de hele coupé, ik weet het niet. Ik weet niet of ik steel of dat ik gewoon neem van wat er rondgedeeld wordt.

Maar toen hield het gesprek op, de bestolene moest uitstappen. Ik keek naar buiten. We waren in Aken, maar ik bleef zitten, ik kon geen reden bedenken om uit te stappen, dus ik liet de bestolene gaan.

398

Vandaag is het een jonge vrouw die verlaten is door haar geliefde. Ze kan niet erg oud zijn. Vijfentwintig misschien. Tweeëntwintig. Misschien jonger. In elk geval jonger dan ik. Ze is jonger en verlatener. Ik had het niet gezien toen ik de deur van de coupé opendeed. Het was een regionale trein en ze zat alleen in een zespersoonscoupé met twee grote koffers voor zich op de grond.

De trein had geen open gedeeltes, dus ik had me door een smalle gang heen gewurmd langs bijna volle coupés en koffers die her en der in de gang stonden. Het gordijntje van haar coupé was halfdicht, ik had misschien kunnen vermoeden dat dit betekende dat ze liever alleen wilde zijn, maar ik had geen ervaring met deze treinen, ze leken wel een relict uit een andere tijd waarin je je achter gordijntjes in kleine coupés kon verschuilen. Ik had het gevoel dat ik me opdrong, dat ik een van haar plaatsen innam, maar ik ging toch naar binnen.

Toen ik de deur opendeed en vroeg of er een plek vrij was, knikte ze verlegen naar me en ik zag dat er iets mis was. Eerst dacht ik gewoon dat ze de coupé voor zich alleen wilde hebben en ik wilde alweer weggaan, maar in de coupé ernaast zaten vier of vijf mensen, dus ik schoof het gordijntje opzij, wurmde me door de coupédeur met mijn tas en ging op de stoel het dichtst bij de deur zitten met mijn tas op schoot.

Het duurde even voor ik begreep wat er mis was, maar ik kon meteen voelen dat ze niet uit bezitsdrang de coupé voor zichzelf wilde hebben, maar uit kwetsbaarheid. Dat gaf me het gevoel opdringerig te zijn, maar nu zit ik hier en het zou onbeleefd zijn om weg te gaan, dus maak ik notities bij een boek dat ik aan het lezen ben.

Ik heb een woordenboek bij me dat ik tegelijk met mijn boek uit mijn tas heb gehaald. Ik lees wat, leg het boek weg en schrijf een paar zinnen op papier, zoek wat op in mijn woordenboek en dan lees ik verder, althans zo lijkt het.

Ik heb de boeken in Bonn gekocht. Ik was meegereisd met twee druk pratende passagiers, de ene was Frans, de andere Duits, of misschien waren ze het allebei. Ze wisselden vaak van taal in de loop van hun gesprek, en toen we op het station waren aangekomen, liep ik de dichtstbijzijnde boekhandel binnen. Ik kocht een woordenboek en bij de kassa lag een stapel van Goethes *Natuurlijke verwantschap*. Het was de klank van de Duitse titel die me aansprak. De manier waarop de titel in mijn hoofd nagonsde: *Die Wahlverwandtschaften*. Misschien was het boek gewoon een excuus om aantekeningen te kunnen maken terwijl ik Duitse woorden in mijn woordenboek opzocht, maar nu ben ik het aan het lezen. Ik lees langzaam, ik lees in de trein en op hotelkamers. Ik reis van de ene plaats naar de andere en gisteren ben ik in Hannover aangekomen. Ik heb vlak bij het station overnacht en een kaartje voor een trein naar het noorden gekocht, een ochtendtrein, maar de trein werd geannuleerd en we werden naar een ander spoor verwezen, dus plotseling waren er meer reizigers dan verwacht op een gewone dag om elf uur.

Al vrij snel kende ik het verhaal van mijn verlegen medereizigster, niet omdat ze het aan mij vertelde, maar ik ving het gewoon op, en ondanks mijn beperkte kennis van het Duits begreep ik het.

De verlatene is op weg naar haar ouderlijk huis en ze heeft al twee keer met haar moeder gebeld. Haar vriend is pas bij haar weggegaan, ze had de breuk helemaal niet zien aankomen, ze hadden het juist zo goed samen. Ik kan horen dat de ramp zich net heeft voltrokken, misschien vanmorgen, misschien gisterenavond, en ze moet alle details aan haar moeder en mij vertellen. Ze moet naar Bremen. Het duurt nog twee uur voor ze er is, dat is lang voor iemand met een gebroken hart.

Ik denk aan kleine en grote rampen. Ik denk aan die van mijzelf. Ik denk aan rampen die net hebben plaatsgevonden en aan rampen die tijd hebben gehad om vorm te krijgen. De ramp in mijn coupé is buiten adem en tenger, met details die te privé zouden zijn als ze niet zo recent waren. Misschien denkt ze dat ik haar niet versta, want ik sprak Engels toen ik binnenkwam. Maar het maakt niet uit. Ik ben hier niet. Ik geloof niet dat het iets uitmaakt of ik hier zit of niet. In haar wereld zijn er alleen een lamgeslagen dochter en een luisterende moeder.

Ze wilden kinderen. Niet meteen, maar ze hadden het erover gehad. Als ze hun studie hadden afgerond. Ze hadden een toekomst gehad. Ze had al kerstcadeautjes gekocht. Er waren *Kinder-* en *Weihnachtsgeschenke* in hun leven geweest. November is misschien wel een beetje vroeg voor kerstcadeautjes, denk ik. Maar ze hadden plannen gehad. Ze hadden een woning gedeeld, en ze kon niet begrijpen waarom hij het had uitgemaakt. Dat was het ergste: dat ze niet kon begrijpen waarom. Ze had op de trap gestaan toen hij het zei. Welke trap? Voor het station? Misschien was de breuk zo recent, misschien was hij met haar meegelopen naar het station en had haar toen verteld dat hij bij haar wegging. Waar was ze naar op weg toen hij het vertelde? Naar haar ouders? Was hij met haar meegelopen naar het station en had hij haar verteld dat hij niet meer met haar wilde samenleven? Op de trap voor het stationsgebouw? Op de trap die hen naar het perron leidde? En waarom zulke grote koffers? Misschien had hij het gisteravond gezegd. In de loop van de nacht had ze het belangrijkste ingepakt. Of alles, misschien? Nu gaat ze naar huis.

Er kwam een railtender langs terwijl de verlatene haar moeder vertelde dat ze de kinderstoel van de buren niet hoefde te kopen. Welke buurvrouw vraagt zoiets: mijn kleinkinderen zijn nu groot en jij hebt er nog geen, maar wil je mijn kinderstoel misschien kopen? Alsof er kinderen komen als je de kinderstoel van de buren koopt. En waarom had de moeder de verlatene verteld over de kinderstoel van de buurvrouw? De buren hebben een kinderstoel te koop, zal ik die kopen? Of was het iets wat de moeder had gezegd toen haar dochter over de breuk vertelde? Dan hoef ik in ieder geval niet die kinderstoel van de buren te kopen.

Ik bestelde een kopje thee toen de deur van de coupé openging en vroeg mijn medereizigster of ik haar een kopje thee kon aanbieden. Ze bedankte, maar wel vriendelijk. Ze glimlachte enigszins timide, alsof ze wilde zeggen dat het oké was dat ik er was. Dat ik eigenlijk vroeg: mag ik hier zijn?

Ik weet het niet, maar nu zit ik met een kopje thee en mijn papieren te hannesen. Ik zet het kartonnen bekertje op de grond voor me en buig voorover als ik een slok thee wil nemen. Ik voel een drang om iets voor haar te doen. Ik weet dat ik niets kan doen. Maar dat hoef ik ook niet. Misschien kan ik beter weggaan.

Ondertussen heb ik mijn territorium uitgebreid. Ik heb mijn jas op de stoel tegenover me gelegd en mijn tas op de grond gezet. Wij nemen nu de meeste ruimte van de coupé in beslag. Ik bewaak haar ruimte, zodat ze niet met meer reizigers geconfronteerd zal worden.

Er lopen mensen voorbij door het gangpad. Als ik de coupé verlaat, zal er een ander gaan zitten. Dat zal erger zijn, denk ik. Nu is ze net aan mij gewend. Of het zou misschien niets uitmaken. Nu leun ik tegen het gordijntje. Het heeft beige en lichtbruine strepen. Ik denk aan de *Weihnachtsgeschenke* en drink mijn thee uit een kartonnen bekertje, en af en toe schrijf ik een paar zinnen op een vel papier dat ik heb opgevouwen en in mijn boek heb gelegd.

 # 399

Toen we Bremen naderden maakten we ons klaar om uit te stappen. Ik wachtte in het smalle gangpad langs de coupés en liet de verlatene voorgaan. Ik bleef op een afstandje. Ik was niet meer dan een toehoorder, geen familie, maar ik wilde zeker weten dat ze in goede handen was voordat ik haar liet gaan.

Op het perron stond haar moeder, een vrouw in beige, in een broekpak, met bruine schoenen en een rood sjaaltje om haar hals. Ze leek geen vrouw die vrijaf neemt om zich over haar verlaten dochter te ontfermen of die van kleinkinderen droomt, maar nu omhelsde ze haar dochter, en even later zag ik ze met de twee grote koffers door de stationshal lopen, door de uitgang naar de parkeerplaats, naar een van de grootste auto's, gelukkig maar, want ze hadden wel wat ruimte nodig voor de bagage.

Toen ik zag dat ze in de auto stapten en wegreden van het station, liep ik de stad in en vond niet veel later een hotel, waar ik een kamer kreeg met uitzicht op de straat. Ik vergewiste me ervan dat hij de laatste dagen niet bezet was geweest, nam de trap en ging mijn kamer binnen.

Vanuit de kamer keek ik uit over de straat, waar zowel trams als auto's reden, en ik kon een plein zien waar ze bezig waren feestverlichting in bomen op te hangen. Wel wat aan de vroege kant, dacht ik, terwijl ik de waterkoker aanzette en het goed gecoördineerde werk bekeek, maar het was ongetwijfeld nodig om er nu al mee te beginnen als de hele stad in december verlicht moest zijn.

Ik was moe en had sinds mijn ontbijt slechts twee kopjes thee gedronken. Ik ging de stad in om iets te eten en zodra ik terug was op mijn kamer kroop ik in bed. Ik dacht aan *Weihnachtsgeschenke* en *Wahlverwandtschaften*, en toen viel ik in slaap.

Nu zit ik voor het raam en kijk naar het lege plein tegenover het hotel en naar de voorbijrijdende trams. Op de stoep aan de overkant staan rijen vuilniszakken in verschillende kleuren. Ze staan te wachten tot een vuilniswagen ze komt ophalen. Ik zit te wachten op elektriciens, kranen en liften die nog niet zijn gearriveerd. Ik denk aan december. Ik denk aan *heute* en aan *morgen* en übermorgen. Ik denk aan *gestern* en *vorgestern*. Nu denk ik ook aan *Frühstück*.

401

Vandaag heb ik een doel. Ik ben op weg ergens naartoe. Ik zou kunnen zeggen naar huis. Maar ik weet niet meer wat thuis is. Thuis was Clairon-sous-Bois, maar dat is niet langer zo, en nu ben ik op weg naar Brussel. Dat was ook thuis. Ooit. Nu is thuis geen plaats meer waar je heen kunt. Maar vandaag ga ik ergens heen. Ik heb cadeautjes bij me. Ze zitten in twee grote tassen in het bagagerek.

402

Het lijkt wel kerst, zei mijn moeder, toen ze zag dat er cadeautjes in de tassen zaten. Ze waren zorgvuldig ingepakt, de meeste in kerstpapier. Het voelde een beetje te warm voor Kerstmis. Ik zag dat een paar bomen in de tuin nog in blad stonden, en van de klimroos tegen de schuur had een enkele roos de herfst getrotseerd en was nog gaan bloeien. Op het tuinpad naar het huis zag ik dat er aan de kale takken van de kweeperenstruik nog steeds een paar gele vruchten zaten, maar de meeste waren er al afgevallen en lichtten op onder de struik. Het waaide een beetje. Winter kon je het niet noemen en de kerstsfeer moest ik zelf creëren.

Mijn moeder was in de tuin toen ik aankwam. Ze was het grootste deel van de dag vrij geweest, want haar leerlingen op de internationale school waar ze lesgeeft waren op excursie. Ze was maar een paar uur op school geweest en toen ze thuiskwam was ze de tuin in gegaan. Nu kwam ze aanlopen met een schaal waar ze de gele kweeperen in wilde doen. Het was lastig elkaar te omhelzen met al die tassen tussen ons in en de schaal en de verraste bewegingen van mijn moeder. De cadeaus zijn voor later, zei ik toen we naar binnen waren gegaan en alles in de keuken hadden gezet.

We moeten Lisa vragen langs te komen, zei ik. Mijn zus. We kunnen haar bellen. Mijn moeder had haar gisteren nog gesproken, zei ze. We kunnen haar vragen of ze komt eten. Vandaag, zei ze, of morgen, als ik zo lang bleef. Morgen is prima, zei ik. Ik bedoelde de achttiende, maar ik bedoelde ook kerstavond. Mijn moeder bedoelde negentien november.

Toen mijn vader een uur later van zijn werk kwam, gingen we avondeten. We aten aan de tafel in de woonkamer. Mijn moeder had haar kweeperen niet geraapt, want we waren koffie gaan drinken.

Onder het eten vertelde ik dat ik iets had te doen in Brussel. Een paar boeken ophalen. We hadden het over koetjes en kalfjes, over de verjaardag van mijn vader en de vrije dag van mijn moeder, over de studie van mijn zus en over T. & T. Selter. We hadden het niet over de tijd die was blijven stilstaan, maar we spraken over mijn medepassagiers. Ik had nogal wat afgereisd de laatste tijd, zei ik, en ik vertelde over zielige honden, over inbraken en koekblikken en bestuursvergaderingen van zeilclubs. Ik deed de gesprekken van mijn medepassagiers na met mijn hand bij mijn oor als telefoon, en ik aaide een onzichtbare hond onder de tafel. Ik vertelde over de verlatene in de coupé en over de *Weihnachtsgeschenke* en *Wahlverwandtschaften*: dat ik de klank van de woorden en misschien ook het ritme mooi vond, en dat ik Goethe las en net deed of ik daar aantekeningen bij maakte, omdat ik niet zeker wist of mijn medepassagiers hun verhalen aan mij vertelden. Het voelde een beetje alsof ik iets van ze stal. Ik wilde niet betrapt worden.

Mijn vader vond dat geen stelen. Het was naar zijn mening eerder zo dat privételefoongesprekken in de openbare ruimte diefstal waren. Van andermans rust en privéleven, misschien zelfs van andermans menselijkheid. Alsof de beller in zijn eigen huis zat en de andere passagiers beschouwde als inventaris: een deur, een zitplaats in de trein, een bagagerek, zei hij. Alsof medereizigers geen mensen maar voorwerpen zijn. Mijn moeder was het met hem eens en vertelde over de kinderen op school, die vaak werden afgeleverd door ouders met een telefoon in de hand. Alsof de kinderen pakjes waren die afgeleverd moesten worden voor verzending, of boodschappentassen die ze naar huis moesten meenemen. Ik dacht aan mijn treurige medepassagier en haar gebroken hart. Was ik een tas in een hoek geweest? Een bagagerek? Misschien eerder een gordijntje dat je voor het raam van de coupé kon schuiven? Ik weet het niet, maar mijn ouders hadden het alweer over iets anders.

Ik weet niet of ze gelijk hadden en ik weet niet of ik er iets op tegen had een gordijntje te zijn, maar plotseling was het laat op de avond en liep ik naar mijn oude kamer om te gaan slapen. Hij is niet veel veranderd sinds ik uit huis ben. Het bed en mijn bureau staan er nog, en afgezien van een boekenkast met boeken die ze elders niet kwijt konden is alles bijna net als toen ik nog thuis woonde.

Vanmorgen werd ik vroeg wakker. Het was even over zes op de klok in de keuken. Ik zette koffie en ging in de hoek aan de keukentafel zitten. Ik aarzelde een ogenblik voor ik op de plek ging zitten waar mijn moeder altijd zat, want de tafel was tegen de muur geschoven, zodat ik niet op de plek kon gaan zitten waar ik altijd zat tijdens mijn jeugd. Ik bedacht hoe onwennig het was om op mijn moeders stoel te zitten, bijna verkeerd, want zo lang als ik me kan herinneren hadden we allemaal een vaste plek: mijn vader en ik op de stoelen bij de muur, mijn moeder tegenover mijn vader en mijn zus naast haar. Hier hadden we elke ochtend en elke avond gezeten in een mix – in een *pêle-mêle* zoals mijn moeder zou zeggen – van Engelse en Belgische maaltijden en in een mix van Engelse en Franse woorden. Ze hadden elkaar ontmoet toen mijn vader op vakantie was in Engeland. Mijn moeder woonde in Suffolk, maar ze verhuisde met mijn vader naar Brussel zodra ze klaar was met haar opleiding, en wij hadden altijd in deze mix aan de keukentafel gezeten, mijn zus en ik. Maar onze zitplaatsen waren stabiel, een solide familiecarré, en ik herinner me geen andere tafels of tafelschikkingen dan deze, want we verhuisden naar dit huis toen ik nog klein was, en de tafel is dezelfde als toen.

Toen mijn zus en ik het huis uit waren werd de eettafel tegen de muur geschoven. Zo was er meer plaats in de keuken, maar jarenlang werd hij weer teruggeschoven als we op bezoek kwamen. Af en toe waren we allebei enkele maanden thuis, vaak 's zomers, en dan zaten we daar weer met ons vieren. Ik denk dat de tafel nu het grootste deel van de tijd tegen de muur staat. Ik denk dat mijn ouders tijdens het eten tegenover elkaar zitten rond de hoek, maar ik weet het niet zeker, en als wij langskomen eten we meestal in de woonkamer.

Tegen zeven uur kwam mijn moeder uit de keuken. Verrast, maar niet zo verrast dat ik het gevoel had dat ik mijn aanwezigheid moest verklaren. Je weet immers waar de sleutel ligt, zei mijn moeder. En het beddengoed. En de koffie. Ze zei het met een vleugje blijdschap dat me het gevoel gaf welkom te zijn, alsof ze mijn onverwachte aanwezigheid opvatte als een teken dat ons gezin nog intact was en alsof de plaats aan tafel die ik me had toegeëigend me bij bijzondere gelegenheden zonder problemen toeviel.

Ze vroeg voorzichtig naar Thomas, alsof ze zeker wilde weten dat er niets mis was, en ik verzekerde haar dat hij in Clairon op me zat te wachten. Ze leek opgelucht en ik dacht aan de vrouw in de trein en haar moeder die haar toekomstdromen over kleinkinderen en babystoelen nog een poosje moest uitstellen, want ook al zegt mijn moeder niets, ik denk dat ze zich af en toe afvraagt of de hoge stoel die op zolder staat op een dag nog eens gebruikt zal worden.

Vervolgens kwam mijn vader binnen, even verrast, maar hij verkeerde meteen in de veronderstelling dat mijn moeder mijn komst had geregeld zodat we haar vrije dag samen konden doorbrengen. Maar hij hoopte, zei hij, dat ik een paar dagen zou blijven, in elk geval tot de volgende dag, want hij moest weg, hij had een afspraak om tien uur, maar hij zou zo gauw mogelijk terugkomen.

En toen vertelde ik het toch. Bij het ontbijt. Dat het kerst was. Dat ik cadeaus bij me had. Dat de tijd ontwricht was. Dat ik de dagen geteld had en dat het kerstavond was als ik goed geteld had. Dat ik dag na dag bij Thomas was geweest. Dat ik naar de rue de l'Ermitage was verhuisd, in Parijs was geweest en dat toevallige reizigers me mee hadden getrokken. Dat de tijd door bleef lopen en toch helemaal niet doorliep.

Ik stelde ze gerust. Er waren geen doden of gewonden gevallen. Er was alleen een defect in de tijd. Ik zei dat ik aan de gedachte gewend was geraakt. Dat ik veranderd was. Dat er een paadje in mijn hoofd was schoongeveegd, er was sneeuw geruimd, wat kreupelhout verwijderd. Dat ik een weg probeerde te vinden, dat ik zou terugkeren naar een gewone tijd, maar dat ik behoefte had aan kerst zodat de tijd verstreek, om even uit een eeuwige novemberdag te ontsnappen. Ik zei dat ze me konden helpen met december.

Na het ontbijt vertrok mijn vader naar zijn afspraak, maar hij beloofde zo snel mogelijk terug te zijn. Mijn moeder en ik maakten een boodschappenlijstje voor het diner en mijn moeder ging boodschappen doen. Ze moest nog wat papierwerk doen en een paar opdrachten inleveren op school, maar ze zou gauw terug zijn. Ondertussen gebruikte ik haar telefoon, belde mijn zus en vertelde alles. Ze moest eigenlijk naar de universiteit waar ze scheikunde studeert, maar nu zou ze een vrije dag nemen om kerst te vieren met ons gezin.

Toen mijn moeder terugkwam had ze kalkoen en spruitjes gekocht. Ze had ook plumpudding en bûche de Noël ingeslagen, ook al was het pas november. Onze kerst is altijd een mix geweest: altijd cadeaus en kalkoen op kerstavond en dan de kalkoenrestjes bij de lunch op eerste kerstdag. Met plumpudding. En een klein cadeautje op kerstochtend, zodat het ook een soort Engelse kerst was. En spruitjes die we verplicht bij de kalkoen aten op kerstavond. Bij de pudding kregen we altijd vanille-ijs, geen custard – of crème anglaise, zoals mijn vader die noemde –, want mijn moeder hield gewoon niet van custard. Maar er waren altijd roast potatoes, daar hielden we allemaal van en het waren er veel, want er moest ook genoeg zijn voor de volgende dag. Dus onze kerst bestond uit twee tradities: Christmas en Noël, twee keer kerst en twee zware desserts, met weinig harmonie of evenwicht, maar tradities hoeven niet te harmoniëren. Ze moeten er gewoon zijn. Ze moeten er zijn als een soort vangnet zodat je ergens op kunt terugvallen. Als de wereld uiteenvalt. Als de tijd breekt.

Ik heb het gevoel dat er iets gerepareerd wordt nu ik in mijn oude kamertje aan Christmas en Noël zit te denken. Hoe de dingen niet helemaal bij elkaar passen en dan toch kunnen samengaan. Mijn moeder en mijn vader. Ik en mijn zus. Achttien november en kerstavond, die we toch samen wisten te brengen. Bijna.

We bereidden het kerstdiner alsof het de gewoonste zaak van de wereld was. Ik ben goed in roast potatoes. Dat ben ik al vanaf mijn tiende en ik neem dat deel van de maaltijd altijd op me. Mijn vader was thuisgekomen en hij ontfermde zich meteen over de spruitjes. Lisa deed de kalkoen en al halverwege de middag had ze die in de oven gezet, maar al had ze de situatie volledig onder controle, we bleven allemaal in de buurt en keerden het beest om of prikten er af en toe in met een vleesthermometer.

We gingen pas laat aan tafel om de kalkoen met de roast potatoes en de bûche de Noël te eten. We zaten in de kamer, want dat is een deel van ons kerstritueel. Ik stond erop dat ze cadeaus kregen, veel, want ik had tassen vol cadeaus.

Ik denk liever niet aan Thomas, maar doe het toch. Als een gemis. Hij zou mijn roast potatoes gegeten hebben en hij zou gezegd hebben dat ik die vaker zou moeten maken en niet alleen met kerst. Hij zou met veel genoegen van Lisa's gebraden gevogelte hebben gegeten, hij zou zonder morren zijn spruitjes opgegeten hebben, maar hij zou om de kweepeergelei gevraagd hebben die bij ons een speciale kersttraditie is, geen traditie die ver teruggaat in een bepaalde tak van de familie, maar die alleen bestaat omdat er toen we in dit huis trokken al een kweepeer in de voortuin stond. Elke herfst raapt mijn moeder de gele vruchten, in het begin uit plichtsgevoel, later uit gewoonte en nu als herinnering aan de jaren die zijn verstreken. In het voorjaar draagt de kweepeer rode bloemen, later roodgroene bladeren, kleine groene vruchten, en dan de geelgroene kweeperen, groot en eenzaam of in kleine trossen om een tak geklemd. In de herfst, als ze geel zijn geworden, laten ze zich op de grond vallen onder de struik, en dan op een gegeven moment, soms pas laat in november of misschien zelfs december, worden de donkergele vruchten met hun wasachtige en beetje vettige buitenkant geraapt. Eerst liggen ze in een schaal in de keuken en krijgen bruine plekjes terwijl ze hun typische geur verspreiden, en op het laatst, tijdens een proces dat gerust dagen kan duren, maakt mijn moeder een heldere en donkerrode gelei met een kleur die nog altijd een mysterie voor me is, want hoe kunnen gele vruchten tot een dieprode gelei worden? De struik heeft zich in de loop der jaren verplaatst, hij heeft loten gemaakt en is gesnoeid, en een paar jaar geleden toen we het huis in Clairon overnamen vroeg Thomas of hij een loot van de kweepeer mee naar huis mocht nemen. Hij kreeg vier loten, die hij plantte, en hij verkondigde dat een van ons vroeg of laat de kunst van het gelei maken zou leren en de traditie zou voortzetten. Maar dit jaar was er geen kweepeergelei bij het kerstdiner, want de kweeperen liggen nog steeds buiten in het donker, en trouwens, de traditie is alleen een traditie omdat er toevallig een struik in de tuin stond.

Tijdens het eten spraken we bijna niet over het defect in de tijd. Ik had eerder op de dag al het meeste uitgelegd en ik geloof dat mijn ouders tijd nodig hadden om te begrijpen wat er was gebeurd. Lisa was meer geïnteresseerd geweest in de principes, in het mechaniek waar we het in de loop van de dag een paar keer over gehad hadden, en op een gegeven moment, toen zij en ik in de keuken bezig waren om de restjes van onze maaltijd in de koelkast te zetten, stelde ze voor dat ze met me mee zou kunnen gaan. Ik zei dat ik niet wist of dat mogelijk was, maar dat ik haar in dat geval elke morgen alles zou moeten uitleggen. Ik zei dat ik geprobeerd had Thomas over te halen om mee te gaan naar Parijs. Hij had geaarzeld. Hij wilde niet mijn novemberdag ingetrokken worden. Maar Lisa aarzelde niet. Ze dacht dat het mogelijk was. Ze sprak erover alsof het een vakantie was. Ze stelde voor om naar het zuiden te gaan, naar zon en warmte. Ze was toe aan vakantie, ze was haar scriptie aan het afronden. Misschien kon ze er verder aan werken, zei ze. Ze moest nog een stuk schrijven. Ik zou haar kunnen helpen. Ik zei dat het allemaal in de loop van de nacht zou verdwijnen, maar dat leek haar een probleem dat op te lossen was. Ik kon alles op papier schrijven en de papieren mee naar bed nemen als ik ging slapen, en de volgende dag zou ze een stuk opgeschoten zijn zonder dat de tijd verstreken was. Ondertussen zaten we mooi in het zuidelijke zonnetje. Maar ik wil niet naar het zuiden. Ik wil december en januari. Ik wil dat het jaar begint te lopen.

Iets na twaalven, toen Lisa naar huis was gegaan en mijn ouders sliepen, ging ik naar de keuken. Ik pakte een koeltas die aan een haakje in de bezemkast hing, haalde de restjes van het kerstdiner uit de koelkast zodat ik alles in de koeltas kon stoppen, want ik had er geen vertrouwen in dat de koelkast in staat zou zijn om het kersteten vast te houden. Ik pakte twee grote zakken met kippensoep uit de vriezer. Eén legde ik onderin en de andere zette ik rechtop tegen de zijkant. De restjes van de kalkoen had Lisa samen met wat koude spruitjes in een diepvriesbakje gedaan. Ik stopte die in de tas en legde er vier grote aardappelen naast die ik in een ander bakje wist te persen. Meer pasten er niet in en de rest liet ik in de koelkast liggen. Het laatste stuk van onze bûche de Noël, dat nog in zijn doos zat, legde ik boven op in de koeltas.

Terwijl ik voor de koelkast stond en de rits van de koeltas dichtmaakte, werd ik ineens overvallen door een gevoel van vrolijkheid. Ik zag de doos met de plumpudding op het aanrecht staan en wist dat als ik op eerste kerstdag plumpudding wilde, ik die mee naar bed zou moeten nemen. Ik hield mijn hand voor mijn mond om niet hardop te gaan lachen en het risico te lopen iemand te wekken met die lach, die ergens diep vanbinnen opkwam. Ik voelde hem omhoog borrelen via mijn middenrif en verder opstijgen door mijn borstkas. Met mijn hand voor mijn mond gaf ik me hikkend over aan deze onderdrukte lachbui en het was bijna alsof ik huilde, gesmoord en vrolijk, gecomprimeerd en zorgeloos, een hikkende kersthuilbui die de spot dreef met alle inspanningen die ik me getroostte om de tijd vast te houden, en ik lachte om mijn eigen ernst en om mijn drang om de kersttradities aan te houden, en ik voelde weer mijn emoties, het hele palet: vrolijkheid, vertwijfeling, een mengeling van verdriet, vreugde en een spontane lachbui die zijn opwachting maakte in mijn kerstnacht.

Het duurde een paar minuten en ik bleef achter met een gevoel van lichtheid, en op hetzelfde moment dat mijn lach wegebde sloeg de koelkast aan met een geluid dat in eerste instantie klonk als het normale mechanische gebrom van een koelkast, maar dat ineens van toon veranderde en precies zo klonk als mijn lach had geklonken, half hikkend, half snikkend. Misschien iets mechanischer, misschien ietsje harder, en de koelkast deed geen moeite zich in te houden. Hij stond daar gewoon, rechtop en met een haperende en bijna huilerige lach. Alsof hij was aangestoken. Alsof hij meelachte. Of huilde. Maar dat geeft niet. Een koelkast die zijn kersteten niet bij zich kan houden heeft het recht om te lachen als een mens – of te huilen, als hij dat wil.

Ik zit in mijn oude kamertje. Ik heb onze plumpudding aan het voeteneind onder mijn dekbed gestopt en de koeltas met de restjes van de maaltijd staat onder mijn bed. Met een beetje geluk kan de kerst morgen verdergaan, eerste kerstdag, want er zijn nog restjes en er is pudding en nu heb ik gedaan wat ik kan om de kerst te laten voortduren. Ik heb het dekbed goed om me heen getrokken, zit met een kussen in mijn rug en een stapel papier rust op het eerste deel van *Encyclopædia Britan-*

nica, die mijn ouders in mijn oude kamer hebben neergezet, en ik heb het gevoel dat niets me kan raken. Het voelt zorgeloos en ernstig tegelijk. Kerstnacht, zittend tussen een kussen en een lexicon, met papier dat alles onthoudt wat mensen vergeten en met een doos plumpudding aan mijn voeten.

De cadeaus heb ik in de kamer laten liggen, hoewel ze zeker zullen verdwijnen. Er is niets aan om cadeaus te geven die je al een keer gegeven hebt en ik verfrommelde het papier en gooide het in de vuilnisbak bij de tuinschuur. De restjes van de kerstmaaltijd zijn het belangrijkst, want het hoort bij kerst om restjes te eten. Misschien wordt juist dat gevierd. Dat er altijd een restje is. Je neemt iets met je mee. Misschien stemde de koelkast daarom in met zijn snikkende lach.

Nu zwijgt de koelkast. Ik liep er zachtjes langs op weg naar de slaapkamer van mijn ouders en bekeek ze liggend in bed: mijn ouders, beiden diep in slaap met een eigen geluid, twee verschillende geluiden waar ik me als kind niet van bewust was, misschien omdat ik altijd degene was die sliep en zij naar mij luisterden, of misschien maken ze deze geluiden pas nu ze ouder geworden zijn.

Ik haalde een glaasje water in de keuken en trok de gordijnen in mijn kamer dicht. Het zijn nog dezelfde gordijnen als in mijn tienertijd en het behang is evenmin vervangen: een diagonaal patroon in flets roze, bijna beige. In mijn herinnering was het dieper roze, maar ik zal me wel vergissen.

 # 403

Onze kerstochtend begon natuurlijk een beetje chaotisch. Mijn ouders waren alles vergeten. Ik moest ze alles vertellen, van de brandwond tot de goedlachse koelkast, voordat we aan het ontbijt konden beginnen.

Ze waren wakker geworden terwijl ik een pot koffie zette die veel te sterk werd en hun verrassing was opnieuw minder groot dan verwacht. Mijn moeder was duidelijk blij dat ik nog steeds onaangekondigd kon langskomen en mijn vader dacht dat mijn moeder ervan op de hoogte was. Eerst zaten we aan tafel met een kop sterke koffie terwijl ik de lange uitleg herhaalde die ze de dag ervoor al hadden gekregen, maar die nu ook onze kerstavond, de aanloop daartoe en mijn ontmoeting met de koelkast bevatte. Tegen het eind van mijn relaas begon mijn moeder ongeduldig te worden, ze pakte brood en abrikozenjam terwijl mijn vader de afspraak waar hij heen moest ging afzeggen, en toen hij weer de keuken in kwam zette hij meer koffie, lang zo sterk niet als die van mij en we aten brood met abrikozenjam terwijl ze beiden mijn verhaal probeerden te begrijpen, vragen stelden over al dan niet relevante details en me verschillende adviezen gaven, waarop ik natuurlijk moest zeggen dat ik die zelf al overwogen had of in de praktijk had proberen te brengen.

Na de koffie en de abrikozenjam gingen we meteen door met de restjes van de kerstmaaltijd, waar mijn vader wat in zat te prikken, al wees ik hem er nadrukkelijk op dat die de hele nacht koel waren bewaard, weliswaar in een koeltas, maar er was geen gezondheidsrisico, benadrukte ik. De restjes hadden koud in mijn kamer gelegen, de zakjes met kippensoep, die ik had gebruikt om de restjes mee te koelen, waren maar half ontdooid en ik had ze teruggelegd in de vriezer. Ik geloof trouwens niet dat mijn vader aan het gezondheidsrisico dacht. Zijn aarzeling kwam eerder voort uit het feit dat hij het niet gewend was restjes van een maaltijd te eten waar hij bij was geweest maar die hij zich niet kon herinneren.

De aardappelen had ik in de oven opgewarmd, maar mijn moeder vond de vier aardappelen niet genoeg. Ze pakte de drie aardappelen die ik in de koelkast had gelegd omdat ze niet meer in mijn plastic bakje pasten en die tot mijn verbazing niet waren verdwenen, maar dat kwam waarschijnlijk, zei ik toen ik hun de principes van achttien november uitlegde, doordat ik ze zelf had klaargemaakt. Ik legde ze het vreemde verschijnsel uit dat de overgang tussen de twee tijden niet eenduidig was, dat het geen simpel mechaniek was, maar dat het er veel van weg had – zo verklaarde ik het in ieder geval voor mijn vader – dat het iets optisch was, een soort in elkaar overvloeien of een parallelle verschuiving, een soort met elkaar vervlochten raken van de twee tijden misschien, waar mijn voortschrijdende tijd, mijn omgang met de wereld, mijn consumerende en accumulerende tijd weliswaar in contrast stond met de rest van de wereld die alles vergat, maar niet volgens een set mechanische of vaste regels en wetten, maar eerder volgens een paar globale principes, een paar regels omringd door een zone van besluiteloosheid, een onzekerheid, die ik niet helemaal doorzag, maar die, zoals in het geval van deze in de oven gebakken aardappelen, een scheidslijn vormden tussen de delen van de wereld waar ik enige greep op had en de delen die gewoon terugkeerden naar hun uitgangspunt.

Ik legde hem uit dat de onzekerheid precies daar lag waar de twee tijden elkaar raken, maar hij nam geen genoegen met die verklaring. Ik benadrukte dat er geen vaste regels waren. Het was geen mechaniek. Het had best gekund dat de spruitjes die hij de dag ervoor had schoongemaakt en gekookt, ook al wist hij dat niet meer, in de koelkast waren blijven liggen, net als de restjes van de kalkoen, die in de oven had gestaan en die wij om beurten in de gaten hadden gehouden terwijl we er af en toe in prikten en hem omdraaiden. Maar ik wilde het risico niet nemen, zei ik. Als ik de kalkoen en de koude spruitjes niet in de koeltas in mijn kamer had gestopt en de doos met plumpudding niet bij mijn voeten had gezet, zou hij nu waarschijnlijk zijn vork alleen maar in de enigszins droge aardappelen hebben kunnen prikken. Al het andere zou zijn verdwenen en dan hadden we de restjes niet kunnen eten. Niet dat ik heel zeker van mijn zaak was. Ik had het gevoel dat de dingen die ik met Thomas deed stabieler waren dan bijvoorbeeld het verplaatsen van de gaskachel in de winkel met Marie op mijn eerste achttien november, en misschien gold dat ook voor een kerstmaaltijd die je samen met je familie bereidde. Maar ik had geen zin gehad om te experimenteren met de restjes van de kerstmaaltijd met het risico dat ze verdwenen.

Mijn vader had nog steeds het gevoel dat hij restjes van een maaltijd van iemand anders zat te eten, wat hem eigenlijk niet stoorde, beweerde hij, zolang hij maar niet hoefde te doen alsof hij hier op achttien november aan zijn eigen kerstmaal zat.

Mijn moeder vond dat de verhouding tot de dingen meer klonk als een pedagogisch proces, alsof de voorwerpen op de wereld onderhevig waren aan een soort communicatie, een leerproces waarbij ze bewerkt, misschien zelfs overtuigd moesten worden, en dat er niet één bepaalde manier bestond waarop je te werk moest gaan, dat het noodzakelijk was je aan de verschillende voorwerpen aan te passen. Ze had er geen probleem mee dat de overgang tussen de twee tijden niet mechanisch verliep. Dat er een bepaalde onzekerheid bestond. Mijn vader ook niet, beweerde hij, en daarop begonnen ze met elkaar te discussiëren over het verschil tussen de twee manieren waarop je naar de dingen kunt kijken, en dit alles in een sfeer van vriendelijke onenigheid, alsof de onbepaaldheidszone van de dingen een van die kleine alledaagse kwesties in je leven is, zoals de vraag hoeveel koffiebonen je nodig hebt voor een kan filterkoffie, of hoe je je puberdochters er het best toe kan krijgen wat huishoudelijk werk te doen. Metingen of gevoelens, pedagogiek of regels, en zoals zo vaak hoorde ik ze van standpunt wisselen, want als de een te veel een bepaalde kant uit ging, nam de ander ongemerkt diens eerdere standpunt over, zodat het evenwicht bewaard bleef.

Ons gesprek kwam niet veel verder dan dit evenwicht, want het was hoog tijd voor onze plumpudding, die nog steeds op het voeteneinde van mijn bed lag en die ten minste twee uur au bain-marie op het fornuis moest opwarmen.

Deze keer besloten we Lisa niet te bellen. Ik had verteld dat ze van plan was met me mee te gaan. Dat was niet in goede aarde gevallen. Ik zei dat het niet besmettelijk was, dat het niet waarschijnlijk was dat ik haar zou meetrekken in mijn steeds terugkerende dag, maar zij vonden dat we Lisa erbuiten moesten laten.

De cadeaus noemde ik niet, want die waren uiteraard verdwenen en niemand wist nog wat hij had gekregen. Overigens had ik ondertussen andere en betere ideeën voor cadeautjes, maar dat moest maar wachten tot de volgende kerst, dacht ik.

In plaats daarvan gingen mijn moeder en ik de stad in. Ze wilde graag een cadeautje voor me kopen, zei ze, terwijl mijn vader op de pudding in de au bain-marie op het fornuis lette. Ze wilde me een jurk geven. Of iets anders, als ik liever iets anders had. Ik denk dat ze wat dan ook wil geven als ik haar jongste dochter maar niet met me meeneem naar het onbekende, en ik vertelde haar maar niet dat ik alle jurken kon kopen die ik wilde. Of die bij me zouden blijven was een heel andere kwestie. Dat zou een zekere overredingskracht vereisen, een inzicht in het gedrag van de dingen, een pedagogiek van de voorwerpen, zeg maar.

Ik zag een grijsblauwe jurk met ingeweven wol die ik tegelijk kon dragen met de zwarte jurk die ik iedere dag had gedragen sinds ik uit Parijs was vertrokken en die ik af en toe met de hand had gewassen met zeep of shampoo uit de hotels waar ik was geweest. Ik weet niet of ik een nieuwe jurk bij me kan houden zonder hem de hele tijd aan te hebben, maar ik heb de jurk onder mijn kleren aangetrokken en reken erop dat hij bij me blijft. Er komt een grijsblauwe strook onder mijn oude jurk uit, maar het lijkt net alsof dat zo hoort. Niemand kan zien dat ik een jurk aan het trainen ben om bij me te blijven.

In de winkel vond ik ook een setje wollen ondergoed met lange mouwen en een legging die ik onder mijn kleren aan kan als het winter wordt. De gedachte aan winter zit in mijn hoofd sinds ik opeens kerst wilde vieren, en toen ik het ondergoed zag wist ik dat ik voor jaargetijden moest zorgen. Ik moest warme kleren hebben en weer dat bij die kleren paste. We hadden weliswaar een soort kerst gevierd en dan hadden we tot besluit nog de pudding die warm stond te worden op het fornuis, maar het weer in Brussel was te herfstachtig, er zaten te veel bladeren aan de bomen en er lagen te veel kweeperen op de grond.

Mijn moeder zei dat ze hoopte dat ik de weg naar de tijd terug zou vinden. Dat ze geloofde dat het me zou lukken. Ik was altijd mijn eigen weg gegaan, zei ze. Ik weet niet zeker wat ze daarmee bedoelde en ik weet ook niet of ze gelijk heeft, maar daar zei ik niets van. We werden geholpen door een verkoopster en even later liepen we naar de bushalte.

Toen we thuiskwamen was het laat in de middag. Het werd al donker en de kweeperen lagen glanzend geel onder de bijna kale struik toen we het tuinpad op liepen. We aten onze plumpudding en later op de avond peuterden we de laatste restjes van het karkas van de kalkoen en smeerden we een paar kadetjes. We hadden niet veel honger na de zware pudding, die we bijna helemaal hadden opgegeten zonder het vanille-ijs dat mijn moeder had gekocht, want dat was natuurlijk in de loop van de nacht uit de vriezer verdwenen, iets wat ik over het hoofd had gezien, maar het was te laat, niemand had zin om ijs te gaan kopen. Ik denk dat we alle drie moe waren en we zeiden al om een uur of tien welterusten en maakten ons klaar om naar bed te gaan.

Toen ik er al in lag kwam mijn moeder nog even naar me toe en ging op een stoel naast het bed zitten, zoals ze vaak deed toen ik kind was, zelfs bijna tot ik het huis uit ging, en ik voelde de radeloosheid van een puber, de wens dat ze weer weg zou gaan, zodat ik verder kon met mijn leven waar ze niet langer deel aan had, en tegelijkertijd voelde ik die sterke drang om weg te zinken in een wereld waar het de volwassen zijn die zich om de grootste problemen bekommeren. Waarschijnlijk een wens dat zij, mijn moeder, de tijd kon terugplaatsen om daarna zachtjes de kamer uit te gaan. Zoals die keer toen een van haar jonge leerlingen tijdens een schoolreisje zijn arm had verrekt zodat die uit de kom was geschoten. Lisa en ik waren erbij geweest en hadden gezien hoe onze moeder zijn arm weer in de kom zette. Ik was verbaasd en trots toen ik de opluchting zag op het gezicht van het geschrokken jongetje wiens arm zo raar scheef had gehangen. Ze had een bijzondere greep toegepast, hardhandig en zacht tegelijk, eerder een optillen dan een trekken, en meteen zat de arm weer op zijn plaats. Zoiets kunnen moeders, moet ik toen gedacht hebben. Dat mijn moeder ontwrichte ledematen kon terugzetten vond ik buitengewoon geruststellend.

Maar aan de herhaling van de tijd kon ze niets doen. We praatten wat over de mogelijkheid dat we morgen al terug zouden zijn in een normale tijd, uit de *loop*, de lus, de herhaling of hoe we het ook moesten noemen, maar het was een beetje als een plichtmatig gesprek met vaste replieken, of zo'n fantasiespelletje dat je met je ouders kunt spelen. Ik herinner me dat we restaurantje speelden, waarbij mijn vader dan rondliep met een theedoek over zijn arm en Lisa en ik menukaarten schreven met gekke gerechten en rare prijzen. Nu hadden we ook kerstmisje gespeeld, eerst kerstavond, daarna eerste kerstdag, en nu speelden we dat er een uitweg was. Mijn ouders hadden het spel meegespeeld en mijn moeder was er helemaal in meegegaan in de veronderstelling dat het allemaal gauw voorbij zou zijn, dat we op negentien november wakker zouden worden, of wie weet op zesentwintig december, op boxing day, in haar woorden. Maar ik denk vooral dat ze opgelucht was dat we de dag door waren gekomen zonder dat ik mijn zus erbij had betrokken en haar misschien zomaar met me mee had genomen. Ik zei dat ik hoopte dat ze haar kweeperen zou oprapen en kweeperengelei zou maken – dan zou ik met kerst terugkomen.

Ik zal wel een uitweg vinden, zei ik. Ik was ervan overtuigd dat er een antwoord was. Ergens zou een oplossing zijn. Die zou ik vinden. Ik zou doorgaan met reizen, ik zou om me heen kijken, ik zou luisteren naar de gesprekken van de mensen. Met een woordenboek. Iets zou ik kunnen gebruiken. De wereld is vol goede raad, als je maar luistert, zei ik, in de hoop haar gerust te stellen.

Ik weet niet waarom ik dat zei. Ik was gaan nadenken over waar ik heen zou gaan, ik dacht aan de treinen en de passagiers, en dit was de eerste gedachte die in me opkwam.

Daar had ze niet aan gedacht, zei ze. Dat je door te luisteren een oplossing voor de problemen van het bestaan kunt vinden. Ja, in gesprekken met familie en vrienden, misschien. Maar ze zou niet weten wat je kon ontdekken in toevallige gesprekken van andere mensen.

Ik zei dat ik zeker wist dat je door aandachtig te luisteren elk probleem dat zich voordeed kon oplossen. Als je echt luisterde. De grote vragen van het leven. Alles. En als je het niet kon ontdekken in de gesprekken van de mensen, kon je het proberen met de zang van de vogels. Of het geluid van de wind. Iets zou je altijd ontdekken.

Ik was me er maar al te goed van bewust dat ik afdwaalde, want ik was helemaal niet van plan rond te gaan reizen en naar mijn medepassagiers te luisteren. Of naar de wind voor mijn part. Ik voelde me als een kind dat zo maar iets had geroepen en daar nu een vervolg aan moest geven, deels uit trots, deels om haar niet te hoeven inwijden in de gedachte die me nu overweldigde: de gedachte dat wat ik ook deed, of ik nu luisterde of niet, ik nooit uit achttien november zou kunnen ontsnappen.

Ik zei dat ik wist dat zij er anders over dacht. Dat er volgens haar maar één manier was om de problemen in de wereld op te lossen, want zij had altijd gevonden dat iedere verandering in het klein moet beginnen. Met de kinderen. Er zou pas iets veranderen als we dit inzagen en beter met de nieuwste mensen op de wereld omgingen.

Mijn moeder leek opgelucht toen ik het gesprek op dit onderwerp bracht waar haar hele leven om draaide, al zo lang als ik me kon herinneren. De kinderen. Haar leerlingen op school, haar eigen kinderen, alle kinderen op de wereld. In haar leven was het elke dag kerst, beweerde ik, want elke keer dat er een kind werd geboren, was er in haar ogen weer een mogelijkheid geschapen de wereld tot een betere plek te maken. Eigenlijk vond ze – wat ze toegaf toen ik het zei – dat als we deze mogelijkheid maar aangrepen, telkens weer, iedere keer dat we de kans kregen, we veranderingen zouden zien, bijna ongemerkt, stapje voor stapje. Oorlog, geweld, machtsmisbruik, corruptie, dat zou allemaal afnemen, en dan zou het gemakkelijker worden andere problemen op te lossen: honger, ziekte en armoede, wat dan ook. Dat heeft ze altijd gevonden. Ik denk dat het komt door haar jeugd en haar opleiding, en ik denk dat ze het echt meent: dat kinderen die onderweg niet beschadigd worden helemaal uit zichzelf de wereld beter zullen maken.

Ik vroeg haar of ze zo tegen de wereld aankeek, of het echt zo eenvoudig was, en dat vond ze inderdaad. Eenvoudig, ja, zei ze, niet gemakkelijk. Je moest de natuur niet zomaar zijn gang laten gaan, benadrukte ze. Dat niet. De kinderen moesten op weg geholpen worden.

Ik onderbrak haar, want ik kende haar ideeën al over welke ingrediënten er nodig waren voor de opvoeding en scholing van kinderen. Iets met dat kinderen meerdere talen moesten leren en een tuintje moesten hebben, iets met zang en muziek en de overtuiging dat kinderen ongebroken en ongeknakt door hun jeugd heen moesten worden geholpen, maar niet zonder op de proef gesteld en weerbaar gemaakt te worden. Met zorg, zoals met planten, zei ze altijd, maar voor ze van wal kon steken zei ik tegen haar dat haar redenatie me deed denken aan een soort mechaniek, een zacht mechaniek weliswaar, een soort verlossersmechaniek, waarin de kinderen de wereld moeten redden. Een simpel kerstmechaniek, zei ik nu, hoewel ik best wist dat ze het niet leuk vond dat haar manier van denken mechanisch genoemd werd. Het was zoals mijn vader en zus dachten: de technologie zou ons helpen.

Dus vroeg ik het haar. Wilde ze graag kleinkinderen. Wilde ze graag de kinderstoel van zolder halen. Ze wist het niet. Ze wilde vooral dat het goed ging met haar eigen kinderen. Dat ze haar leerlingen vooruit kon helpen. Misschien hier en daar wat schade repareren. Ooit, zei ze, ooit zou ze natuurlijk graag kleinkinderen hebben, maar op dit moment had ze genoeg aan de kinderen die ze had.

Terwijl ze praatte was ik onder het dekbed gekropen en ze stopte me in alsof ik een klein kind was, en ineens begon ze *In the Bleak Mid-winter* te zingen, heel zachtjes, bijna als een wiegeliedje.

In the bleak mid-winter
Frosty wind made moan;
Earth stood hard as iron,
Water like a stone;
Snow had fallen, snow on snow,
Snow on snow,
In the bleak mid-winter
Long ago.

Ze zong het lied van begin tot eind, vijf lange strofen, en ik zong als vanzelf mee, want dit zongen we altijd met kerst, dus ik ging rechtop in bed zitten en viel in. Ik zong de alt, dat doe ik al sinds mijn moeder niet langer probeerde om mijn stem de hoogte van de leidende stem te laten halen, maar me in plaats daarvan leerde om de balans te zoeken. Mijn moeder en Lisa zongen altijd de melodie, mijn vader bromde wat bastonen op de achtergrond, dus het was mijn taak om het midden van dit alles aan te houden en niet mee te gaan met de leidende stem of met de brommende tonen van mijn vader. Nu zongen we zonder de bas en toen we bijna aan het eind van het lied waren hadden we onze stemmen zo'n beetje onder controle.

Toen we uitgezongen waren zei ze welterusten en liep mijn kamer uit, en even later trok ik de nieuwe jurk aan. Ik trok mijn oude jurk erover heen aan en stopte het wollen ondergoed in mijn tas.

Toen het weer stil was geworden in huis wachtte ik tot ik zeker wist dat ze beiden in slaap waren gevallen. Toen liep ik zachtjes naar ze toe om naar hun geluiden te luisteren. Beide slaapgeluiden kon ik horen, een onregelmatig koor bestaande uit twee ouders die Kerstmis gespeeld hadden met een volwassen kind.

In de bezemkast vond ik een zaklamp, die ik meenam. Ik raapte mijn spullen bijeen en pakte een paar boeken uit de kast in mijn kamer. Ik bedacht dat ik gezegd had dat ik een paar boeken moest halen in Brussel. Nu klopt het. Ik heb boeken uit hun kast gehaald en nu zit ik in bed te wachten. Ik heb de sporen van mijn bezoek gewist, ik heb de laatste restjes van onze pudding in een plastic bakje gedaan en die in mijn tas gestopt. Ik wacht tot de nacht elke herinnering aan onze achttien november uitwist, en voordat er iemand wakker wordt, verlaat ik het huis.

 # 404

Nu ik in de trein zit denk ik aan mijn familie als een vaste kern met broze randjes. Alsof er altijd iets afbrokkelt.

Ik denk aan behang dat flets wordt. Ik denk aan de sigaret van mijn moeder die vaak vanzelf opbrandde omdat ze te druk bezig was met iets anders. De as die als een lange, grijze streep in de asbak lag tot je ertegen blies zodat hij uiteenviel.

Ik denk aan de twee klontjes suiker die mijn vader nog steeds in zijn koffie doet, een zacht getingel van het theelepeltje en de suikerklontjes in het kopje, het geluid van de suiker dat steeds ieler wordt tot het uiteindelijk verdwijnt en alleen het geluid van het theelepeltje overblijft.

Ik denk aan warme baden en Lisa en ik die samen in

bad zaten. We hadden een soort badverf waar je de tegels mee kon beschilderen, en op het laatst vermengden de kleuren zich met elkaar tot een bruinige soep, en als we klaar waren trokken we de stop uit het bad om de soep te laten wegstromen. Andere keren namen we een stripboek of een speelgoedcatalogus mee in bad en als we die uit hadden losten we ze op in het water. We legden een of twee bladzijden op het wateroppervlak, eerst werd het papier week, de kleuren losten op en stukje bij beetje veranderden ze in grauwe vlokken en klompjes nat papier.

Ik denk aan de talen in huis, ons verhaspelen van de grammatica's, al de woorden die we aaneenregen en verwisselden, een taal met vloeiende randen en bewegingsvrijheid zolang we binnen de vier muren van ons huis bleven, maar als we naar buiten gingen waren er categorieën. Op school spraken we Frans en als we op bezoek waren in Engeland ging alles in het Engels. In het land der monoglotten, zoals mijn moeder zei, waar de eentalige koning was en waar we snel leerden om ons aan de vormen van de taal te houden, want geen mens verstond wat we zeiden voordat we *thank you* en *please* hadden gezegd.

En nu denk ik aan de compostbak in de tuin waarin we takjes en bladeren, oude potplanten en schillen uit de keuken in een onbestemde brij gooiden die langzaam van kleur veranderde, verteerde en uiteindelijk verspreid kon worden als donkerbruine compost, nog steeds vol dunne en roodachtige wormen die wild kronkelden in het licht.

Ik denk aan de houtkachel die we hadden gekregen. Ik denk aan de warmte en de stukken brandhout die in korte tijd tot as werden. De stapel brandhout onder de kachel die al na een paar uur slonk en aangevuld moest worden. Het was mijn taak om in de winter aan het eind van de middag na school een stapeltje hout te halen. Houtblokken die verdwenen en warmte de kamer instuurden en verpulverden.

Al deze ontbinding werd tot een kern, een gezin met vaste plekken, tot tradities en een plek om naar terug te keren, en ik denk aan de mistige dagen met Thomas, alsof de ontbinding juist samenhang creëert.

Maar nu zit ik in een trein en mijn ouders lopen ongetwijfeld door hun huis alsof er niets is gebeurd. Ik verliet het huis in het donker, met alleen de zaklamp aan en met de straatverlichting als wegwijzer. Het was kil, maar geen winterse kou, en ik liep door villawijken, langs lokale winkels, over invalswegen en verder de stad in, waar ik ten slotte in een bus stapte die me naar Bruxelles-Midi bracht.

Op het station ging ik in het enige café zitten dat open was. Aanvankelijk was het station vrijwel leeg, maar in de daaropvolgende uren zag ik het station langzaam vol stromen met passagiers terwijl ik met gepaste tussenpozen ergens anders ging zitten en wachtte op een oplossing, een uitweg, een reis die zin had, maar ik kon geen andere oplossing bedenken dan dat ik noordwaarts moest, naar de kou. Ik was heel erg toe aan winter, en halverwege de ochtend, toen de stroom passagiers weer was afgenomen, kocht ik een kaartje voor een trein die me naar het noorden kon brengen.

Ik luister niet meer naar de gesprekken in de trein, want ik weet waar ik naartoe ga en niemand zegt *Winterreise*, ook al zijn we allang de Duitse grens gepasseerd.

 # 405

In Keulen stapte ik uit de trein, want dat was het eindstation, en toen ik uitgestapt was liep ik door de stationshal en kwam uit op een plein waar de domkerk naast me oprees en de kerkklok begon te slaan. Het was vier uur, vreemd genoeg was het nog warmer dan in Brussel en op het plein voor de kerk kwam me een zoele wind tegemoet. Het was een middag zonder regen, nogal warm voor november en in ieder geval veel te warm voor de winter. Ik bleef midden op het plein staan, draaide rond, liep terug naar het station en nam de eerste de beste trein naar het noorden. Het was een trein naar Bremen, en toen ik daar aangekomen was liep ik de stad in en verder naar het hotel waar ik overnacht had toen ik mijn verlaten vriendin afgeleverd had bij de vrouw in het beige.

Ik vroeg om dezelfde kamer als laatst. Het was al laat en ik was te moe om iets te eten te halen, te moe om aan mijn ouders te denken, die vast tegenover elkaar in de keuken zaten, rond de hoek van de tafel en met mijn plek tegen de muur geschoven, misschien met een schaal kweeperen op tafel en de geur van november.

Dus at ik de overgebleven plumpudding, een wat plakkerig avondmaal, maar de smaak had iets troostends, het smaakte naar zorgzaamheid, misschien, alsof er nog steeds iemand was die zich om me bekommerde, een intense smaak van kerst, familie en verleden.

Toen ik mijn tanden poetste zag ik mezelf in de make-upspiegel in de badkamer, moe en op weg naar winter. De spiegel kon rondgedraaid worden en in gedachten verzonken draaide ik de spiegel rond. Toen ik even later opkeek zag ik een vergroot gezicht, nog steeds dat van mij, maar niet alleen groter, ook ouder, want bij nadere inspectie zag ik rimpels en vouwtjes die ik nooit eerder had gezien. Het was alsof ik een sprong maakte. Van kind naar volwassene, bijna. Je wordt ouder van het hebben van familie. Je krijgt rimpels van wiegeliedjes en kerstliederen.

Voor ik ging slapen trok ik mijn bovenste jurk uit en de nieuwe jurk hield ik de hele nacht aan. Vanmorgen werd ik vroeg wakker, want het was veel te warm om in wol te slapen, maar de jurk was bij me gebleven en mijn wollen ondergoed, dat ik naast me in bed had gelegd, is er ook nog. Ik ben klaar voor de winter en na het ontbijt ben ik mijn reis naar het noorden gaan plannen.

Ik had bedacht dat ik naar Noorwegen moest, dat ik een veerboot moest zien te vinden die me langs de kust naar een plek met sneeuw zou vervoeren, en ik bracht het grootste deel van de dag door met het uitzoeken van veerbootroutes, eerst een route vanaf Kiel, maar er waren geen afvaarten op achttien november. Ik zou op de negentiende kunnen vertrekken, maar daar kan ik niet op wachten. Vanuit Denemarken waren er twee routes, een snelle en een langzame. De langzame voer 's nachts. Maar wat gebeurt er als ik 's nachts vaar? Kan een veerboot door achttien november heen varen? Wordt het dan de negentiende? Verplaatst die zich terug naar zijn uitgangspunt? En ga ik dan mee terug? De vraag was gecompliceerd, en op het reisbureau waar ik navraag had gedaan, konden ze me alleen vertellen dat de afvaart om 18.30 was. Dat kon ik halen als ik de trein van elf uur nam, dan was ik morgenvroeg in Noorwegen. Op de negentiende. In principe. Eigenlijk was er ook een andere veerboot, een snelle boot, maar die was net vandaag afgelast. Er had pas een storm gewoed boven Noorwegen en de boot had schade opgelopen en voer niet, anders zou die voor middernacht in Noorwegen aankomen. Ik vond verschillende vluchttijden, maar ik vertrouw de vliegtuigen van achttien november niet, geen enkel vliegtuig trouwens, en ik rijd geen auto dus besloot ik maar de trein te nemen. Ik kon naar Denemarken gaan en dan verder naar het noorden. Dat was langzamer, maar niet moeilijk en morgenvroeg neem ik de trein naar het noorden. Ik zit bij het raam in mijn hotelkamer, het is middag, het is bewolkt en ik ben op weg naar de winter. Ik kijk de straat in, het station is dichtbij, ik kan het zien liggen als ik het raam opendoe en naar buiten leun. Ik heb zicht op het plein aan de andere kant van de straat waar ze bezig zijn om lampjes in de bomen te hangen. De trams rijden voorbij en ik hoor hun geluiden, hoe ze accelereren en stoppen, ik zie een grijze hemel en ik voel kou in de lucht, anders dan de regenachtige dag in Clairon, anders dan de kille novemberdag in Parijs, anders dan het najaar in Brussel, want het waait niet, anders dan de veel te warme middag in Keulen, de lucht hier heeft een bepaalde scherpte die misschien vertelt dat de winter eraan komt.

Maar waarom ga ik niet naar een warmere plek? Naar Spanje of Italië, naar een Grieks eiland, een stil strand. Ik zou naar zon en zomer moeten verlangen, maar ik verlang naar winter. Ik verlang naar december en januari. Ik verlang naar een jaar dat op gang komt. Ik verlang naar winterse duisternis en kou, niet alleen maar een dag met buien en een koud zonnetje, niet alleen maar zachte dagen met eindeloze regen, niet alleen een grijze hemel en een scherpte in de lucht.

 # 406

Er is hier niet veel winter te halen, en al helemaal geen sneeuw. Het is middag. Het is hier grijs, stil en niet erg koud. Ik ben vanmorgen direct na het ontbijt van Bremen naar Hamburg gegaan. Ik reed door Noord-Duitse landschappen die vaag door de ochtendmist heen schemerden. Het was licht in de buurt van Neumünster en even later reden we weer door een dichte mist waardoor je slechts een paar scheve en bijna kale bomen langs de spoorlijn kon zien. Algauw verdween de mist helemaal en nu ben ik in Denemarken, in Odense, waar ik een paar jaar geleden samen met Thomas naar een veiling ben geweest en we zaten hier op deze plek waar ik net ben gaan zitten in een café in een uithoek van het station. We zaten op onze trein te wachten en nu zit ik hier op mijn trein te wachten. Het moet winter geweest zijn toen we hier waren, maar ik herinner me niet wanneer het was. Het kan ook vroeg in het voorjaar geweest zijn. Ik herinner me alleen dat het begon te sneeuwen. We hadden allemaal tassen om ons heen staan, want we hadden boeken van de veiling bij ons. Dat was in het begin, in het eerste jaar van T. & T. Selter. We gingen vaak samen naar veilingen en reisden dan met koffers en tassen vol boeken naar huis, niet naar Clairon maar naar Brussel, waar ons bedrijf een paar kasten en een bureau had in mijn microscopische appartementje en waar Thomas bij ingetrokken was met zijn voorstadia van T. & T. Selter.

We waren succesvol geweest met enkele transacties, we hadden een goede neus voor antiquarische boeken gekregen. Beetje bij beetje had ik een speciaal zintuig ontwikkeld – zo ervoer ik het tenminste, als een zintuig – in ieder geval een speciaal gevoel voor boeken, voor de typografie en het papier en de wetenschappelijke illustraties, en het bleek dat wij de juiste boeken konden vinden, dat we kopers konden vinden, of liever gezegd, dat Thomas kopers kon vinden die al gauw wisten dat wij werken konden opsporen die zij wilden hebben, of waarvan ze niet wisten dat ze die wilden hebben. We werkten hard, we gingen naar veilingen, we zeulden met koffers en tassen en we wisten dat wij het waren, dat we het samen deden, dat onze samenwerking zijn vruchten afwierp, we waren een bedrijf, veel op pad, met liefde voor elkaar, in- en verkopen was onze taak, we deden interessante vondsten met af en toe een miskoop, die pas na lange tijd werd doorverkocht, maar dat gaf niets, want het was een fout van ons samen, het deed er niet toe wie van ons hem begaan had, zoals de gelukkige vondsten ook van ons samen waren.

Op het station hadden we het café gevonden waar ik nu in een leunstoel zit met mijn papieren voor me en we waren op een bank gaan zitten met onze bagage om ons heen, met een kopje koffie met cake of een belegd broodje, of wat we dan ook maar hadden genomen. Ruim voordat onze trein zou aankomen waren we opgestaan om naar het perron te lopen dat een verdieping lager lag dan waar het café zich bevond en dat je kon zien door de grote panoramaramen, en terwijl we daar met al onze bagage zeulden, begon het te sneeuwen op de rails en het perron waar onze trein weldra zou binnenrijden.

De sneeuw viel in grote vlokken die alle kanten uit zweefden, aarzelend vanwege hun grootte. Onze trein was nog niet gearriveerd en we bleven bij het raam staan en zagen de enorme sneeuwvlokken neerdwarrelen op de daken en de spoorlijn. Er waren meer reizigers voor het raam gaan staan en samen keken we naar de sneeuw die op de daken boven de perrons viel, op de lege rails en ongetwijfeld op de straten rondom het station, op huizen en wegen die we niet konden zien door de vele sneeuw die de lucht vulde. Het was net of we in een glazen stolp stonden, niet in zo'n glazen bol die je als souvenir kunt kopen en waarin de sneeuw over een stad of een gebouw valt als je de bol schudt, maar omgekeerd, het was de wereld buiten die door elkaar was geschud, wij stonden stil en het bleef maar sneeuwen buiten het station, dat ineens was veranderd van een willekeurig stationsgebouw in een attractie, een magische plaats.

Toen we even later buiten kwamen was het opgehouden met sneeuwen, maar alles was bedekt met een wit laagje en we reden met de trein door al dat wit, dat al gauw weer was verdwenen doordat de sneeuw was gesmolten of doordat we in plaatsen waren gekomen waar geen sneeuw was gevallen, ik weet het niet, want toen waren we niet langer zo door het landschap geboeid. We hadden een paar van onze aankopen uit onze tassen gehaald terwijl we in een halflege trein zaten met een tafeltje tussen ons in. Ik weet nog dat ik in een boekje bladerde, *De Analysi aquarum frigidarum*, en ik herinner me een exemplaar van *Traité des Affinités Chymiques*, uit het Latijn in het Frans vertaald, maar beide geschreven door een Zweed, Bergman of Bergson, geloof ik. Misschien herinner ik me de boeken nog omdat ze een van onze miskopen waren en bijna onverkoopbaar bleken. Het eerste verkochten we na een paar jaar en het tweede nooit, waarschijnlijk omdat ik over het hoofd had gezien dat er een paar platen ontbraken die achter in het werk hadden moeten zitten. Uiteindelijk gaven we het boek met kerst aan Lisa, nadat ze scheikunde was gaan studeren. De titels van de andere boeken die we hadden gekocht weet ik niet meer, maar ik herinner me ze als werken gevonden in neerdwarrelende sneeuw.

Daarom ben ik waarschijnlijk hierheen gereisd. Ik dacht aan de winter, maar vandaag ligt hier geen sneeuw en is er geen winter op komst, tenzij de kaarsen op de tafels de weg proberen te wijzen naar de winter. Er hangt te veel november in de lucht. Er zit november in de zachte leunstoel waarin ik me heb teruggetrokken van de looppaden van de reizigers en waarin ik zit te hannesen met mijn witte papieren en over sneeuw schrijf, want ik heb nog steeds mijn groene linnen boekje niet in gebruik genomen. Ik schrijf zonder lijnen en zonder richting op een stapeltje papier met een map voor de stevigheid eronder, terwijl het linnen boekje eigenlijk gemakkelijker te hanteren is in een leunstoel, aan cafétafeltjes en in de trein. Maar ik schrijf door en denk dat mijn losse velletjes misschien wel mijn laatste sprankje hoop bevatten dat het defect in de tijd van voorbijgaande aard is, de hoop dat het volgende velletje niet beschreven wordt, omdat de tijd weer normaal is geworden en er niet meer achttien novembers zijn om over te vertellen.

Ik geloof natuurlijk niet meer dat de tijd plotseling normaal zal worden, maar ik moet de mogelijkheid openhouden. Op het moment dat ik de eerste regel in het boekje schrijf, geef ik mijn novemberdag toestemming om door te gaan, regel na regel, pagina na pagina, totdat het boekje vol staat met achttien novembers. Dat zijn veel pagina's, dat zijn veel regels, en ik kan niet zo ver vooruitdenken. Ik wil zo graag november uit en een wereld met jaargetijden in. Ik verlang naar sneeuw en rijp op het gras, misschien een paar dagen met strenge vorst, niet noodzakelijkerwijs ijzige winters of metershoge sneeuwbanken, gewoon een winter zoals ik die ken, dagen met kou en tuinen met zaaddozen en een zweem wit, nachten met koude sterrenhemels die misschien een enkele keer sneeuw bevatten. Ik verlang naar de wind en de vorst van januari. Ik verlang naar plassen water met een dun laagje ijs dat kraakt als je eroverheen loopt. Winterwind. Frosty wind. En genoeg sneeuw om de prei in de tuin van de oude Selter met een fijn wit laagje te bedekken en de snijbiet zacht te maken met een kern van krullende blaadjes, die pas verder groeit als de vorst voorbij is. En de lente die daarna komt. Ik verlang naar lentebriesjes en mildere wind. Ik verlang naar maart en april en naar een lage lentezon. Ik verlang naar zachte zonneschijn en Paasdagen. Ik verlang naar mei en warmte. Ik verlang naar juni en juli en augustus, maar alleen als ze na een winter en een voorjaar komen. Ik verlang naar zomer en strand. Ik verlang naar dagen waarop de zon te warm schijnt en naar zwoele avonden. Nachten waarop je om middernacht buiten kan zitten luisteren naar de nacht. Ik verlang naar de nazomer en de vroege herfst, ik verlang naar de ochtendmist in september en de heldere hemel in oktober en naar blaadjes die vallen omdat de tijd is doorgegaan. Ik wil graag dat de seizoenen weer op orde gebracht worden, dat je er op kunt vertrouwen dat ze elkaar met grote, langzame passen in de juiste volgorde opvolgen.

Ik weet niet waarom ik niet naar de weersverwachting heb gekeken voordat ik uit de trein stapte, want ik had mezelf wel kunnen vertellen dat het op een paar uur reizen naar het noorden niet ineens winter zou zijn, en nu zit ik in mijn leunstoel in een hoekje van het station over de winter te denken, maar ik moet verder, hier vind ik geen winter. Wel stationsgeluiden, mededelingen door de luidsprekers, gesis van koffiemachines, gerinkel van kopjes, het vage geluid van treinen die stoppen. Ik heb zicht op de reizigers, op jassen die te dun zijn voor de winter, op sjaals die te los zitten, op lichte rugzakken en schoudertassen, en alles om me heen ademt november, maar zo meteen ga ik de trein naar het noorden zoeken, ik heb een kaartje naar Kopenhagen gekocht, waar ik zal overstappen op een trein naar Malmø, en dan ben ik in Zweden en dan moet ik op weg zijn naar de winter. Op weg naar iets wat op december lijkt, iets dat me de weg naar januari kan wijzen. En naar februari. Hoop ik.

407

Op weg naar de trein ging het mis. Ik was nog niet eens beneden op het perron. Ik was net opgestaan en nog maar nauwelijks weg uit de zithoek van het café toen ik me verstapte. Niet doordat ik het hoogteverschil niet had opgemerkt: het afstapje tussen de stationshal en het enigszins afgescheiden gedeelte waar ik had gezeten. Het kwam waarschijnlijk eerder doordat ik mijn tas over mijn schouder gooide waardoor ik uit balans raakte, precies op het moment dat ik de stationshal in stapte, of dacht dat ik dat deed, want ik verstapte me en zette mijn voet recht op het afstapje, mijn voet klapte dubbel, ik verloor mijn evenwicht, wankelde, maakte een draai en viel met tas en al op de stenen vloer van de stationshal. Ik had me niet erg bezeerd bij mijn val, maar mijn enkel wel dusdanig verzwikt dat ik niet meer op mijn voet kon steunen toen ik weer overeind was gekomen. Een paar voorbijgangers hielpen me en brachten me bij een hoge tafel waaraan ik me vast kon houden. Ik verzekerde ze dat er niets aan de hand was en dat ze zich geen zorgen hoefden te maken.

Toen ik na een paar minuten wat tot mezelf was gekomen, kon ik weer genoeg op mijn voet steunen om naar de trap naar spoor 4 te kunnen strompelen waar mijn trein zou vertrekken. Gelukkig was ik ruim op tijd en door het raam kon ik zien dat mijn trein nog niet was aangekomen, dus ik ging naar de roltrap, daalde af naar het perron en strompelde langs de rails waarover de trein juist binnen kwam rijden.

Er was nog genoeg tijd voor vertrek en ik hinkte langs de treinstellen op zoek naar mijn coupé. Het lukte me de coupé te vinden en zowel mijn voet als mijn tas de trein in te krijgen en mijn plaats te vinden voordat de trein zich in beweging zette. De plaats naast me was vrij en ik ging met mijn rug naar het raam zitten, trok mijn enkellaarsje uit en legde mijn geblesseerde voet op de lege zitplaats.

In het daaropvolgende uur zwol mijn voet zo op, dat ik niet eens hoefde te proberen mijn laarsje weer aan te trekken toen we Kopenhagen naderden. Mijn voet deed zo'n zeer, dat alle lust om door te reizen naar Zweden me was vergaan. Ik nam de roltrap omhoog naar de stationshal en bij een informatiebalie wezen ze me een apotheek waar ik verband en misschien wat pijnstillers zou kunnen krijgen, en een hotel waar ik zou kunnen overnachten.

In de apotheek, die tot mijn geluk vlak bij het station zat, kocht ik een doosje pijnstillers en een verband om mijn voet mee in te zwachtelen, maar ik kreeg tegelijk het advies naar een dokter te gaan, want te oordelen naar de omvang van mijn voet zou het iets anders kunnen zijn en meer dan gewoon een verstuiking. Mijn enkel kon gebroken zijn of er kon een pees gescheurd zijn, waarschuwde de apothekersassistente toen ik op één been en met mijn laarsje in mijn hand probeerde te betalen. In elk geval was het erg aan te raden om mijn voet rust te gunnen en het liefst omhoog te houden, bijvoorbeeld op wat kussens, zei ze. Ze gaf me het nummer van de doktersdienst en het adres van de spoedeisende hulp.

Zittend op een laag bankje in de apotheek zwachtelde ik mijn voet in, liep naar buiten en vond vrij snel het hotel dat op een paar minuten lopen van de apotheek lag. Ik stak een brede straat over, ging het hotel binnen en liep naar de receptie, nog steeds met mijn enkellaarsje in mijn hand, maar nu met een verband om mijn voet dat het laarsje in mijn hand verklaarde. Tot mijn geluk waren er kamers vrij en toen ik mijn probleem met schoonmaakmiddelen weer eens had uitgelegd, kreeg ik een sleutelkaart voor een kamer die een paar dagen niet bezet was geweest vanwege lichte waterschade aan het plafond. Ik nam de lift naar mijn kamer, nam twee pijnstillers, ging op het bed liggen met mijn voet op een kussen en bekeek de waterschade, een donkere vlek in de hoek van het plafond.

Vannacht heb ik niet veel geslapen en ik ben vanmorgen niet naar beneden gegaan voor het ontbijt. De pijn, die gisteravond wat op de achtergrond was geraakt, kwam in de loop van de nacht terug, en al heb ik een paar pillen van de apotheek genomen, ik zal wel naar de spoedeisende hulp moeten. Het is geen winter geworden en ik ben niet in het noorden aanbeland, of liever, ik ben niet noordelijk genoeg gekomen, en nu zit ik te wachten tot de pillen gaan werken. Ik heb met mijn wollen jurk aan geslapen, maar daarmee wordt het geen winter. Het is hier warm en zo meteen trek ik de jurk uit, haal de oude uit de tas en ga naar de spoedeisende hulp.

***

Ik moest wachten, maar niet zo lang als de receptionist van het hotel had voorspeld, en nu ben ik terug in mijn hotelkamer met een nieuw verband en wat nuttige informatie op zak.

Ik nam een taxi naar de spoedeisende hulp, bracht een paar uur in de wachtkamer door en na een kort onderzoek zat ik in een lange gang te wachten op het röntgenonderzoek. De dokter dacht niet dat mijn voet was gebroken, maar voor de zekerheid moest die nader onderzocht worden.

Op een van de andere stoelen in de lange gang zat een vrouw van mijn leeftijd, misschien iets ouder, met een kind dat gewond was geraakt. De vrouw was gekanteld met haar bakfiets toen ze remde voor rood, haar kind was eruit gevallen en was met zijn hand onder de gekantelde bakfiets gekomen. Hij had hard gegild, harder dan ze ooit had gehoord in zijn vijfjarige leven. Hij huilt nooit veel, zei ze, maar deze keer wel, en ze was bang dat hij zijn hand had gebroken, dus reed ze onmiddellijk naar de spoedeisende hulp, die niet ver weg was, en nu zaten ze hier net als ik te wachten op de röntgen. De jongen huilde niet meer, maar zijn hand was opgezwollen, en zo zaten we daar, allebei met een verwonding, ervaringen uit te wisselen. Het jongetje sprak Engels, want hij had op een internationale crèche gezeten toen hij tijdens een studieverblijf van zijn moeder in Nederland was, en hij was plotseling erg geïnteresseerd in mijn verwonding. Had ik gehuild toen het gebeurde? Waarom was ik niet direct naar de eerste hulp gereden toen ik me pijn had gedaan? En had ik mijn voet echt op een stoel in de trein gelegd? Hij keek naar zijn moeder, die haar zoontje duidelijk niet toestond zijn voeten op stoelen te leggen. Ik zei hem dat ik wel eerst mijn laarsje had uitgedaan, en zijn moeder knikte instemmend. Ze was meteoroloog en was met haar kind op weg naar de kinderopvang, waarna ze zelf naar haar werk op het meteorologisch instituut zou gaan, toen het ongeluk gebeurde.

We spraken kort over het weer en over mijn zoektocht naar koudere dagen, en tot mijn verrassing vertelde ik haar dat ik voor een filmmaatschappij werkte en op pad was om mogelijke locaties te zoeken voor een film die in november volgend jaar opgenomen moest worden en waarin scènes zaten die zich in verschillende jaargetijden afspeelden. De herfstscènes worden gedraaid in Vlaanderen, zei ik, maar nu was ik onderweg naar het noorden om locaties te zoeken voor de winterscènes. Het moesten plekken zijn met een redelijke kans op sneeuw in november.

Tot mijn verbazing geloofde ze mijn verhaal en aangezien we toch zaten te wachten, haalde ze haar laptop uit haar tas en begon te zoeken naar sneeuw. Ze vond een paar locaties in Zweden en Noorwegen, en toen haar zoontje even later opgeroepen werd voor de röntgen vroeg ze of ik wilde wachten tot ze terugkwam. Even later werd ik zelf opgeroepen en werd er een röntgenfoto van mijn voet gemaakt. Er was niets gebroken, maar ik had mijn voet flink verstuikt. Ik moest erop rekenen dat het wel een paar weken zou duren waarin ik weinig anders zou kunnen doen dan mijn voet zoveel mogelijk rust geven. Mijn voet werd opnieuw verbonden en over het verband deden ze een brace zodat ik er buiten mee kon lopen, omdat ik geen schoen aan kon.

Het zoontje van de meteoroloog had evenmin iets gebroken, en aangezien ze al had doorgegeven dat ze die dag niet op haar werk zou komen vanwege het ongeluk, stelde ze voor om naar een café te gaan en mijn jaargetijden onder de loep te nemen. Ze had haar zoontje een ijsje beloofd. Laten we dat doen, zei ik en ik nodigde ze uit voor een lunch.

Even later zaten we in een café in de buurt met koffie, broodjes en een portie ijs voor het zoontje van de meteoroloog. Toen we klaar waren met onze lunch en de meteoroloog ook de helft van wat haar zoontje had laten liggen opgegeten had, zocht ze op hoeveel sneeuw er in Scandinavië was gevallen en bekeek ze de statistieken voor sneeuw in november en liet ze me verschillende internetsites zien waar ik zelf verder naar kon kijken. Als ik een memorystick had, kon ze al de gegevens overzetten en dan kon ik er zelf verder mee aan de slag. Die had ik niet, zei ik, maar ik stelde voor dat ik er even eentje ging kopen en dat haar zoontje wel mee kon. Ik had onderweg een speelgoedwinkel gezien en ik kon een cadeautje voor hem kopen, bedacht ik, dan kon zij verder werken.

Het jongetje wilde maar wat graag mee naar de speelgoedwinkel en zonder aarzelen pakte hij me met zijn gezonde hand bij de hand en deelde zijn moeder mee dat we naar speelgoed gingen kijken. Ze ging aarzelend akkoord en we liepen het café uit en de straat door naar het winkeltje. Ik hinkend, hij met zijn hand in het verband.

Onderweg hadden we het over crèches en in zijn kinder-Engels vertelde hij over het verschil tussen zijn Nederlandse en zijn Deense kinderopvang. Ik vertelde over de Belgische kinderopvang en al snel gingen we helemaal op in het gesprek.

Na een rondje door de speelgoedwinkel koos het jongetje tot mijn verrassing een rode gieter met grote witte stippen in plaats van een van de vele dozen met blokken of plastic poppetjes. Ik deed er een plantenschepje en een doosje met vier pakjes groentezaadjes bij, die de verkoper voor hem in een tasje deed, en nadat we naar een elektronicazaak iets verderop in de straat waren geweest, liepen we terug naar het café. Ik had mijn memorystick en even overwoog ik ook een laptop te kopen, maar die zou zijn informatie waarschijnlijk niet vasthouden, dus ik liet die gedachte weer varen.

Toen we even later het café weer binnenstapten droeg het zoontje van de meteoroloog het tasje voorzichtig in zijn verbonden hand en de gieter in de andere hand. Hij wierp een blik op zijn moeder alsof hij niet zeker wist hoe ze zou reageren op zijn cadeau. Ze was vooral blij dat hij beide handen kon gebruiken zonder dat het echt pijn deed en ze glimlachte bij de aanblik van de gieter en vertelde me dat ze een gemeenschappelijke moestuin aan het aanleggen waren in de binnentuin bij hun appartement.

Ik overhandigde haar de memorystick en ze begon me de temperatuurgrafieken en data die ze verzameld had uit te leggen. Ze had verschillende plekken gevonden waar het half november vijf jaar achtereen gesneeuwd had. Meestal moest je een stukje naar het noorden om zeker te zijn van sneeuw, maar juist nu lag er ook sneeuw in het zuidelijke deel van Zweden. Die ochtend was er sneeuw gevallen in Lund, een stukje landinwaarts. Drie centimeter, zei ze. Maar de temperatuur steeg, dus de sneeuw zou al gesmolten zijn voor de dag om was. En in Stockholm had het eerst geregend en daarna was het helder geweest met nachtvorst. Dat was niet ongewoon, maar ook niet iets waar ik van op aan kon. Als ik zeker wilde zijn van sneeuw of vorst, moest ik verder naar het noorden, maar puur meteorologisch gezien zou het geen probleem zijn om locaties te vinden die we konden gebruiken.

Ze had ook gekeken naar voorjaarsweer en zomer. Ze had wat statistieken van verschillende gebieden en een paar kaarten met actuele gegevens van vandaag gedownload. Er waren genoeg mogelijkheden. Voor de voorjaarsscènes had ze plaatsen gekozen waar altijd wat neerslag viel, want het moest er niet te droog zijn, maar of het genoeg was om de illusie van voorjaar op te wekken, kon ze niet zeggen. Je kon natuurlijk naar het zuidelijk halfrond reizen. Daar kon je in november wel voorjaar vinden. Het zuidelijke deel van Engeland zou een meer voor de hand liggende optie zijn. Ze was zelf een keer op vakantie geweest in Cornwall en de herfst was daar zo warm dat de schapenboeren hun schapen al midden in de herfst lieten lammeren in plaats van in het voorjaar, dat normaal gesproken de meest natuurlijke periode was. Met al die pasgeboren lammetjes in de wei was de sfeer bijna voorjaarsachtig geweest, beweerde ze.

Zomerweer kon je op verschillende plekken in het zuiden vinden. Ze had een paar locaties gevonden met wat Noord-Europeanen als typisch zomerweer beschouwden: een helder zonnetje, vrij warm, een enkele wolk en een watertemperatuur van ongeveer negentien graden. Ze had een paar plekken in Zuid-Spanje gevonden die volgens haar geschikt waren. Precies nu gaf het weerbericht milde nachten en windstille avonden en ze meende dat het mogelijk was een paar zomerachtige locaties te vinden.

Ze kon niet garanderen dat het weer ook komend jaar de statistieken zou volgen, maar het kon een richtsnoer zijn. Ik bedankte haar. Ze had geen idee hoeveel haar hulp voor me betekende, zei ik en ik vertelde iets over de film. Ik zei dat het verhaal een jaar omspande, van herfst tot herfst en dat het ging over een man die zijn vrouw had verloren, maar evenveel groente bleef telen als toen ze nog leefde. De film ging over de mensen die hij ontmoette terwijl hij probeerde het overschot van de opbrengst van zijn tuin weg te geven. We moesten tuinen van alle vier seizoenen hebben en hadden maar een paar weken om de buitenscènes te filmen zodat we het juiste weer moesten opzoeken. De meteoroloog wilde weten of er op onze locaties groentes in verschillende groeistadia moesten zijn en hoe we dat probleem gingen oplossen. Ik zei dat we dat nog niet besloten hadden, maar we zouden vast wel aan een aantal groentes kunnen komen en die dan planten zodra we moesten filmen. Ik snap niet waar mijn leugens vandaan kwamen. Het is nooit mijn gewoonte geweest om te liegen, maar nu was ik een film aan het construeren die helemaal niet bestond.

Gelukkig begon de meteoroloog nu te filosoferen over

de bijzondere relatie die we met de jaargetijden hebben. Ze had het over astronomische jaargetijden en meteorologische jaargetijden. Over de indeling van het kalenderjaar in lente- en zomermaanden, over de verbazing van de mensen als meteorologische fenomenen niet overeenkwamen met de kalender, hoewel iedereen wist dat alle pogingen om het weer te synchroniseren met de voorspelbaarheid van planeten en kalenders zinloos waren.

Ze vond overigens dat je jaargetijden niet als meteorologische fenomenen kon beschouwen. Temperatuur en neerslag, zei ze, waren meteorologische fenomenen. Kou, warmte, wolkbreuken en droogte. Maar jaargetijden? Ze beschouwde ze eerder als psychologische fenomenen. Herinneringsconcentraten. Geaccepteerde stereotypen. Conglomeraten van ervaringen en gevoelens, misschien. Mensen vragen of het nog eens zomer wordt terwijl we al ver in juli zijn, alleen omdat de zomer wat frisjes is. Als meteoroloog word je bijna gedwongen om bepaalde weerfenomenen op bepaalde tijdstippen te leveren, zei ze. Een echte zomer. Een echte winter. Alsof je je werk niet goed gedaan hebt voordat je een bepaald type weer hebt afgeleverd. Krijgen we echt geen winter dit jaar? Alsof de jaargetijden een soort ideeën zijn die we met ons meeslepen. Vanaf onze jeugd misschien, zei ze, met wintersneeuw en zomerzon. Of misschien dat niet eens. Misschien hoorden de menselijke jaargetijden het meest bij films of in ons fotoalbum. Vooral als je kinderen hebt. Ze deed het zelf ook: foto's nemen van typische jaargetijden. Het was haar opgevallen dat ze meer foto's nam als de jaargetijden bij onze verwachtingen aansloten: sneeuwfoto's in de winter en heldere zonneschijn in de zomer, een warme dag aan het strand, rode en gele bladeren en een kind met rubberlaarzen in de herfst – en zomers altijd foto's met sandalen, zelfs in een zomer waarin je vooral rubberlaarzen droeg. Alsof we sjablonen hebben voor de jaargetijden, en als alles past nemen we foto's. Alsof het een gebeurtenis op zichzelf is dat het weer klopt. Als het in een film winter is, ligt er altijd een beetje sneeuw, zei ze. Of rijp. Zelfs als de film zich afspeelt in Zuid-Europa ligt er een poederlaagje sneeuw zodat we kunnen zien dat het winter is.

Ik heb ook maar een klein beetje sneeuw nodig, zei ik. Een poederlaagje. Net genoeg dat het geen herfst meer lijkt. Een verwelkte tros bloemen met een beetje sneeuw of rijp zou mooi zijn. Een kale boom tegen de avondhemel. Een paar rijen prei met een beetje wit en misschien een kas met sneeuw op het dak. Plassen water met een dun laagje ijs dat breekt als je erop gaat staan, zei ik.

Ze leek het vermakelijk te vinden. Ze keek naar het jongetje dat op haar schoot geklommen was en het doosje met zakjes zaad had geopend. We spraken over het voorjaar en ontkiemende akkers. Maar in werkelijkheid worden de meeste akkers in de herfst ingezaaid, zei ze. Ze ontkiemen en worden groen, maar toch denken we bij bruine akkers aan de herfst en bij al het groen aan het voorjaar.

Ik zei dat je sommige zaadjes uit het zakje van het jongetje nu al kon zaaien. Als je bloemkool in potten zaaide in het najaar, kon je ze later buiten planten en had je vroeg bloemkool. Als ze geluk hadden, konden ze al bloemkool hebben voordat de rupsen van het koolwitje alles opvraten. Als ze een balkon had, konden de planten buiten staan zodra ze ontkiemd waren of ze kon ze in de tuin zetten en toedekken voor de winter als het te koud werd. Ik kon horen dat ik een van de tuinadviezen van Thomas' opa doorgaf. Hij had zijn bloemkool altijd in het najaar gezaaid. De meteoroloog vond het maar raar klinken. Maar het kon best, zei ik. Ik bedacht dat het nu ongeveer even warm in Kopenhagen moest zijn als het in Clairon was geweest toen de oude Selter jong was, maar misschien was november een beetje laat. Het zaaien van bloemkool in het najaar stond beschreven in de overzichten van Selter in het schuurtje, en Thomas en ik hadden gezien hoe hij in de loop van de winter de toegedekte potten inspecteerde, maar we hadden het zelf nog niet geprobeerd. Zaaien is lastig als de natuur gaat sluiten.

Toen we nog wat zinnen hadden uitgewisseld over tuinen en ontkiemen en een balkon dat ze nu voor bloemkool zou gebruiken, gaf de meteoroloog me mijn memorystick en maakte ze zich klaar om te gaan. Ze hielp haar zoontje om zijn hand met het verband door de mouw van zijn jas te krijgen. Ze was duidelijk opgelucht dat hij niet erger gewond was geraakt en wenste mij beterschap met mijn voet. Ik bedankte haar opnieuw voor haar hulp en zei rij voorzichtig toen we even later afscheid van elkaar namen op straat. Ze hoefden niet ver, feitelijk stonden we bij het kruispunt waar het ongeluk was gebeurd en ze woonden iets verderop in de straat, zei ze, voor ze me de weg wees naar een halte vanwaar er een bus naar het centrum ging.

Terwijl ik op de bus wachtte, was het net of ik de winter al wat voelde. De lucht was vochtig, ook al regende het niet. Zonder mijn wollen jurk en met een voet die alleen bedekt werd door een verband en een brace, had ik het ineens koud. Toen ik in de bus stapte dacht ik dat het weer hier misschien toch wel hetzelfde was als op een decemberdag in Brussel of Clairon. Het schemerde en ik voelde al dat mijn meteorologische vriendin me de weg naar de winter had gewezen.

Toen ik weer in mijn kamer was haalde ik de memorystick uit mijn tas. Mijn vertrouwen in de technologie van achttien november is minimaal en ik verwacht nauwelijks dat er morgen nog informatie op mijn memorystick zal staan. Gelukkig is er een computer in de lobby en ik neem zo meteen mijn groene notitieboekje mee om de informatie te noteren die ik nodig heb. Niet voor een film, maar voor de jaargetijden die ergens in achttien november op me liggen te wachten.

408

Toen ik vanmorgen opstond en naar de lobby ging, was de memorystick inderdaad leeg. Ik had het grootste deel van de avond achter de computer van het hotel doorgebracht en de belangrijkste informatie van de meteoroloog in mijn groene boekje opgeschreven. In de receptie had ik een paar temperatuur- en neerslaggrafieken laten uitprinten die ik opvouwde en in mijn boekje legde. Voor de zekerheid sliep ik ermee onder mijn kussen, ook met de memorystick. Die was er nog steeds toen ik wakker werd, maar bleek wel leeg te zijn. Zoals verwacht lag mijn notitieboekje er nog, vol notities en aantekeningen en met het opgevouwen papier met schema's en grafieken achterin.

Mijn voet was nog steeds een beetje pijnlijk en gezwollen en ik ontbeet in het hotel met aan mijn ene voet een laarsje en om de andere verband. Toen ik gegeten had liep ik terug naar mijn kamer, haalde het verband eraf en strompelde naar de dichtstbijzijnde schoenenwinkel, waar ik een paar dikke sokken kocht en een paar laarsjes die een maat te groot waren. Ze hebben een rits en ook veters, en met een wollen sok aan de ene voet en met de rits open bij de andere pas ik er net in. Dus nu ben ik klaar voor de winter. Ik loop langzaam, hinkend, maar zonder koud of nat te worden, en morgen ga ik verder naar het noorden.

 # 409

Toen ik vanmorgen wakker werd was de zwelling een beetje minder en nu kan de rits van mijn laarsje dicht. Ik loop langzaam, ik heb de veters niet vastgemaakt, maar ik loop naar de winter, en toen ik mijn tas gepakt had en mijn oude laarsjes in de klerenkast van de kamer had achtergelaten, liep ik voorzichtig naar het station, waar ik een kaartje naar Lund kocht.

Ik heb al geregeld dat ik een vrije hotelkamer heb, want kort na vijf uur vanmorgen vroeg ik de receptionist van mijn hotel me te helpen een kamer in een hotel in Lund te reserveren met een aankomsttijd van zeven uur. Even na zeven uur 's morgens vroeg ik de net aangekomen receptionist of mijn aankomst verplaatst kon worden naar de ochtend, en nu heb ik nog een manier om me ervan te verzekeren dat er niemand in mijn kamer is als ik op achttien november wakker word.

De meteoroloog had het gehad over sneeuw, maar toen ik aan het eind van de ochtend aankwam was de sneeuw bijna weg. Dat is niet zo erg, want ik kan de kou in de lucht voelen, een winterlucht, en morgenvroeg verwacht ik weer sneeuw. Ik heb voorzichtig door natte straten gelopen en ik heb plekjes sneeuw in een park gezien. Ik heb aan december en januari gedacht. Als ik de dagen tel, kom ik uit op 31 december.

Ik zit in een kamer met uitzicht op daken zonder sneeuw, maar ik wacht tot het gaat sneeuwen. Ik wacht op winter. Geduldig, want ik weet dat die eraan komt. In mijn groene notitieboekje heb ik geschreven *31 december*, misschien is het niet waar, een leugentje om bestwil, een winterleugentje, maar ik schrijf het alleen maar hier, op een vel papier, en straks zal ik champagne kopen en mijn leugentjes om bestwil vieren en hopen op een nieuw jaar met winter, lente en zomer.

 # 410

Toen ik wakker werd sneeuwde het. Ik zag het zodra ik mijn ogen opsloeg: een wit of bijna blauwig licht viel in de kamer, en de daken waar ik op uit keek waren bedekt met sneeuw. Mijn kamer is op de derde verdieping van een hotelletje in het centrum en ik kon de sneeuw vanuit mijn bed zien, want ik had de gordijnen niet dichtgedaan. Ik pakte mijn groene notitieboekje, kroop weer onder de dekens en schreef *1 januari*. Ik schreef *sneeuw* en *winter*. Ik schreef *Zweden* en *Lund*, het adres van mijn hotel en mijn kamernummer. Ik schreef dat er sneeuw op de daken lag, en later, nadat ik de stad in was geweest, schreef ik over de kou en de natte straten vol smeltende sneeuw, terwijl ik langzaam rondliep op mijn iets te grote laarzen die de hele nacht in een tas op het voeteneinde van mijn bed hadden gelegen. Ik schreef niet dat ze in een tas hadden gelegen, maar ik schreef waar je handschoenen kunt kopen en dat er een café is waar ze warme kruidenwijn hebben.

Ik heb de weg naar de winter gevonden. Het is een nieuw leven. Een leven met jaargetijden. Het is geen waarachtiger jaar dat zich diep onder mijn dag beweegt. Het is een jaar dat parallel loopt aan mijn achttien november. Ik weet maar al te goed dat ik dat construeer. Dat het een constructie is. Een puzzel die ik maak van de stukjes die ik vind. Maar dat schrijf ik niet in mijn groene boekje. Ik schrijf over alles wat mijn dagen tot winterse dagen maakt, en er zijn bladzijdes genoeg in het boekje om over winter, lente, zomer en herfst te schrijven. Ik geloof niet meer dat ik plotseling in een tijd wakker word die weer normaal is. Maar ik geloof in jaargetijden. Fragiele en zelfgemaakte jaargetijden. Als ik mijn groene boekje heb is het geen achttien november. Of het is niet uitsluitend achttien november. Het is ook nieuwjaarsdag. Het is kerst geweest. Met gevogelte, roast potatoes en bûche de Noël en plumpudding, en nu is het nieuwjaarsdag en gisterenavond was het oudejaarsavond. Het viel niet mee om champagne te kopen op een novemberavond, maar het lukte, en in mijn groene boekje heb ik het adres van een restaurant opgeschreven dat champagne verkoopt, want ik kon geen winkels vinden die champagne hadden en ik heb *nyårsafton* geschreven, want zo heet dat in het Zweeds.

416

Ik haal het jaar in. Ik zoek plekken die me aan januari doen denken. Aan de maand januari zoals ik die ken. Januari in Clairon en januari in België en januari in Midden-Europa. Ik hoef niet veel sneeuw. Een poederlaagje is genoeg. En dat heb ik al gehad. Ik vind januari in de winkels, ik vind januarigerechten. Ik eet soep of drink thee met appel en kaneel.

Opeens stel ik me voor dat mijn leven er zo zal uitzien, jaar na jaar. Dat het jaargetijdenboek mijn handboek is, mijn reisgenoot, mijn gids. Dat dat de toekomst is die ik construeer. Als ik een toekomst wil hebben, moet ik jaren hebben, en als ik jaren wil hebben, dan moet ik jaargetijden hebben. Zonder jaargetijden geen tijd. Als ik jaargetijden wil hebben, moet ik ze zelf construeren. Als ik een toekomst wil hebben, dan moet ik die zelf construeren. Ik zoek de stukjes bij elkaar, kleine stukjes jaargetijde, en ik schrijf dat allemaal in mijn handboek: ingrediënten van de jaargetijden.

Het is niet als bij een tuin. Ik zaai niets, ik geef geen water, ik oogst niet. Het is niet als bij een huis. Ik hak geen bomen om, ik sla geen rotsblokken stuk, ik bak geen stenen, ik bouw geen muren, geen dak. Ik zoek kant-en-klare stukken, deeltjes om de jaargetijden mee te bouwen, ik verzamel informatie in mijn groene boekje, ik denk aan gereedschap, aan schroevendraaiers, inbussleutels en moeren van verschillend formaat, ik denk aan schroeven en spijkers, aan lijm en cement, ik voeg de delen samen en misschien kan ik een jaar bouwen.

En als het me lukt, heb ik een jaargetijdemachine. Die ben ik aan het bouwen. Ik stel me voor dat ik in deze jaargetijden zal circuleren, dat ik zal terugkeren, dat ik de winter weer nodig heb, de lente. Ik stel me voor dat ik mijn eigen zomers moet maken, dat ik op weg ben naar een sjabloon, een patroon om in te leven. Ik voel een merkwaardig enthousiasme in me opkomen. Er is iets om me op te verheugen: op de lente die ik zelf zal construeren. Maar eerst wil ik winter. De dingen moeten samenhangen. En in de lente kan ik me verheugen op de zomer.

 # 424

Ik ben verder naar het noorden gegaan. Naar de kou en naar februari. Ik vul het jaargetijdenboek met gegevens. Af en toe valt er wat sneeuw. Niet veel, maar het is hier koud en winter is meer dan sneeuw. Stockholm in november betekent winter. Er ligt geen sneeuw zoals in Lund, ook al ben ik noordelijker, maar in de loop van de nacht heeft het geregend, daarna ging het vriezen, en als ik vroeg opsta zoek ik parken met paadjes op, en op die paadjes liggen plassen water en op sommige van die plassen heeft de kou een dun laagje ijs gevormd. Ik kan het ijs met een iel gekraak onder mijn voeten laten breken, ik kan door het gras lopen met stille bevroren geluiden, en ik loop met mijn iets te grote laarzen met voorzichtige passen over een grasveld.

Mijn voet doet nog steeds zeer, maar de zwelling is weg en nu draag ik aan beide voeten wollen sokken, want wol hoort bij winter. Er hoort winter bij wol. Bij winter horen grote laarzen en ik heb winter gevonden voor mijn laarzen. Ze lopen door het park, ze lopen door winterse plassen en ik loop met ze mee, zo goed ik kan.

Als ik niet op winterlaarzen in de vroege vrieskou over bevroren plassen loop, ga ik naar winterfilms en lees ik winterboeken. Ik heb een bibliotheek met Engelse boeken ontdekt en boekwinkels met winterverhalen, en soms kijk ik films met wintertitels en zit ik een paar uur met mijn laarzen in de winterse duisternis, en dan ga ik weer naar buiten en is het nog steeds winter.

Ik schrijf het allemaal op in mijn jaargetijdenboek. Ik noteer titels van boeken en films. Ik noteer namen van hotels en nummers van vrije kamers. Ik schrijf woorden in de wintertaal, ik bedenk dat ik Zweeds kan leren, dat ik jaar na jaar zal terugkeren, dat ik wintertaal moet spreken, en ik heb ontdekt dat de Melkweg in het Zweeds *Vintergatan* heet. Winterstraat. Die heet het hele jaar zo. Ook in november, maar ik schrijf november niet in mijn jaargetijdenboek. Ik schrijf november op witte velletjes papier die ik meteen daarna terugstop in mijn tas. Daar liggen ze bij de andere novemberpapieren, weggestopt in een map van zwart karton, en buiten de map is het winter.

427

Wat mis ik? Het aansteken van een houtkachel in een kamer. Dus dan zoek ik een kamer met een houtkachel met houtblokken en lucifers en dan steek ik de kachel aan.

Wat mis ik? Ik mis een winter met een mooi laagje sneeuw in een tuin met prei en snijbiet. Dus dan zoek ik een tuin. Ik zoek een leeg huis. Ik zoek dekbedden en dekens en 's morgens kijk ik uit op een tuin met een mooi laagje sneeuw.

Wat mis ik? Soms mis ik het voorjaar, maar zover is het nog niet. Ik moet wachten. Ik heb mijn veel te dunne jas achtergelaten in de keukenbank in een houten huis waar ik een paar dagen heb gebivakkeerd, en daarvoor in de plaats heb ik een warme winterjas gekocht, want ik heb winter gekregen. Een echte winter. Bedankt, meteoroloog.

Het kan me niet winters genoeg zijn. Het is niet voldoende dat het op de winter lijkt die ik ken. Ik neem geen genoegen met een enkele sneeuwbui, een poederlaagje. Ik ben op zoek naar de kern van de winter, naar oerwinter, naar winteressentie, winterconcentraat. Ik reis door bergen, ik beweeg me omhoog, naar het noorden en over weggetjes waar de sneeuw al ligt alsof die van plan is te blijven liggen. Ik bekijk het landschap en schrijf namen in mijn jaargetijdenboek. Plaats na plaats. Naam na naam. Ik noteer straten en restaurants. Ik schrijf de adressen van lege huizen en recepten van wintergerechten in mijn boekje.

451

Het zijn stille winterdagen. Ik ontwaak in stilte. Ik heb winter gekregen, ik ben in Finland en ik ben in winterslaap gegaan. Ik ben naar het noorden gereisd en ik denk *Siberische kou*, al weet ik niet waarom de kou hier Siberisch zou moeten zijn, ze is Fins en ik schaf woordenboeken aan en probeer nieuwe wintertalen te leren in mijn huis waar niemand woont, en het is koud en ik kruip onder dekbedden en dekens en houd me rustig.

Peitot ja viltit. Dekbedden en dekens. *Talvi ja lumi*. Winter en sneeuw.

Ik stel me voor dat ik hier jaar na jaar terugkeer en in winterslaap ga, en ieder jaar beschik ik over meer woorden. Ik leer woorden voor hoofdkussens, lakens en beddengoed, voor bedden en stoelen, voor keukens met alles erop en eraan, borden, messen, vorken en pannen, ik leer woorden voor de huizen, voor daken en schoorstenen, ik neem deuren en ramen op in mijn wintertaal, ik krijg bossen en wegen en steden. Ieder jaar nieuwe woorden, een taal die groeit en groeit in kou en sneeuw en het wordt winter en lente en zomer en herfst, en ik keer terug en leer nog meer woorden. Er groeit iets. Ik begin me een toekomst voor te stellen. Bedankt, wintertaal.

 # 456

Ik eet wintereten en koop winterkleren. Ik trek van plaats naar plaats, langzaam, maar niet te langzaam, want anders voel ik dat niet alleen mijn taal groeit. Er groeit ook een monster. Daarover schrijf ik niet in mijn jaargetijdenboek. Dat ik mijn wereld opeet. Dat ik verder moet reizen, om de wereld niet op te eten. Dat ik een monster op reis ben, een wintermonster.

Ik heb gezien dat een wintersoep van een menubord in een restaurant verdween, omdat ik meerdere dagen achter elkaar soep had gegeten. Ik heb lege plekken in een supermarkt gezien, daar stonden potjes haring die ik heb gekocht, knäckebröd en pakjes kaas. Ik ga naar andere plaatsen, ik pas mijn wintergewoontes aan, ik stap over op donker brood, want daar liggen de winkels vol mee, ik zoek nieuwe soorten kaas en grotere winkels, waar het niet opvalt dat ik er ben geweest. Ik foerageer me door februari heen, ik ben naar het noorden getrokken, ik reis verder, ik reis met de bus en de trein. Ik beweeg me. Langzaam maar zeker door de winter.

Hoe noordelijker ik kom, hoe korter de dagen worden. Ik word 's morgens wakker, ik volg mijn winterdag en voordat ik er erg in heb is de dag voorbij.

462

Misschien ben ik te ver de winter in gereisd. Ik ben in Noorwegen, ik had de trein genomen en was in een stationsstadje aangekomen, maar het plaatselijke hotel was gesloten en ik had geen zin om op zoek te gaan naar lege huizen. In een cafeetje in het centrum, waar een oudere man met een grijze baard en een schort voor warme thee en een broccolitaart serveerde, kreeg ik te horen dat er een eindje buiten de stad, op misschien twintig minuten rijden, een hotelletje lag waar ik zou kunnen overnachten. Hij bood aan om te bellen om te vragen of er plaats was, wat het geval was, en toen ik klaar was met eten belde hij een taxi. De chauffeur was een aardige vrouw die Engels en bijna vloeiend Frans sprak, want ze had in haar jonge jaren twee jaar in Toulouse gewoond.

We reden het stadje uit, dat al na enkele minuten uit niet meer dan een paar verspreid liggende huizen bestond, en verder de provinciale weg op. We hadden het vooral over het weer. Over de winters die zachter en over de stormen die heviger waren geworden. Kort geleden nog had een bijzonder zware storm bomen in de omgeving geveld, vertelde mijn chauffeur. Ze wees naar het landschap, waar verscheidene omgewaaide, ontwortelde bomen lagen. Ik vertelde dat ik in Noord-Frankrijk ook eens een storm had meegemaakt, niet zo krachtig, maar er was enorm veel regen gevallen, er was overstromingsgevaar geweest, en in Clairon-sous-Bois, waar ik vandaan kwam, zoals ik zei, hadden we al eerder overstromingen gehad in de laaggelegen gebieden bij de rivier.

Na de storm was het gaan sneeuwen, vertelde de chauffeur, maar gelukkig hadden ze de omgewaaide bomen voor die tijd kunnen weghalen, anders zou de sneeuwschuiver er moeilijk langs gekund hebben. De weg was niet erg breed, maar hij was vrijgemaakt, en er was ruimte genoeg voor het verkeer en voor de sneeuw die in hopen langs de weg lag. We reden langs een bos dat zo nu en dan overging in een stuk met rotsen en dan weer in bos. Langs de andere kant van de weg was een vangrail en achter de vangrail vermoedelijk een steile helling. De weg was het grootste deel van de rit recht en alleen in de bochten had ik het gevoel dat ik me in de bergen bevond.

We waren waarschijnlijk al bijna halverwege en reden stevig door. Mijn chauffeur was hier duidelijk bekend en ik denk dat ze snel weer terug wilde. Ik had het gevoel dat ze nog passagiers moest ophalen in de stad en dat ze een geplande rit had uitgesteld om mij naar mijn hotelletje te brengen. Ik denk dat ze de enige taxi in de omgeving was, in elk geval reden we tamelijk hard, ik zat op de achterbank achter de chauffeur met mijn tas naast me. Ik had de gordel omgedaan en we praatten over Frankrijk en België, deels in het Engels, maar vooral in het Frans, terwijl ik een beetje onrustig om me heen keek, want ik hou niet van autorijden en het hoeft van mij ook niet zo snel.

We waren onderweg al verschillende auto's tegengekomen, niet veel, maar je kon niet van een verlaten weg spreken. We kwamen vrachtwagens en personenauto's tegen en een enkele oplegger met boomstammen. Hier en daar lagen witte plekken sneeuw op de weg, hard en glad, vooral op onze weghelft, voelbaar als kleine hobbels als we eroverheen reden, maar mijn chauffeur minderde er geen vaart door, ook niet toen ons op een recht stuk weg een vrachtwagen tegemoet kwam, blauw, groot en met een lange sliert auto's achter zich aan.

Ineens, toen we langs een rotswand reden, lagen er grote plekken sneeuw op de weg en precies op het moment dat we vlak bij de vrachtwagen waren raakte de taxi in een slip, en er klonk een gil vanaf de voorbank terwijl de chauffeur tegelijkertijd hard op de rem trapte. Haar gil, of het was eerder een kreet, kwam vanuit haar onderbuik, diep en geschrokken, onze auto begon te schudden en te trillen terwijl hij over de weg gleed. Het enige wat ik voelde was een hevige angst toen we in volle vaart over een hobbelig oppervlak van ijs, sneeuw en asfalt hotsten, stuurloos en met het gevaar ieder ogenblik uit koers te raken en regelrecht op de blauwe vrachtwagen af te rijden die maar enkele meters van ons verwijderd was.

Het was duidelijk dat mijn chauffeur de controle over het stuur kwijt was, de auto schoof over de rijbaan terwijl de vrachtwagen steeds dichterbij kwam, en nu gleden we heftig schuddend over de weg en dreigden recht op de vrachtwagen af te gaan die voor ons oprees, een grote blauwe massa, en ineens was hij voorbij, de vrachtwagen, en direct erna zag ik de rij personenauto's passeren, de ene auto na de andere, terwijl onze auto op zijn eigen weghelft bleef, nog steeds schuddend, maar de hele tijd aan de goede kant van de weg. Het kan maar een paar tellen geduurd hebben en ik weet niet hoe het mogelijk is, maar ik weet zeker dat ik de gezichten van de automobilisten kon zien en dat ik de ontzetting op hun gezichten zag achter de ramen van al die auto's terwijl we elkaar passeerden. Onze auto moet duidelijk stuurloos geweest zijn of misschien beeld ik me de gezichten gewoon in.

Toen de vrachtwagen en de rij personenauto's voorbij waren, kregen we weer grip op de weg, de auto stopte met schudden en mijn chauffeur hervond de macht over het stuur. Er lag geen sneeuw meer op de weghelften en er kwamen ook geen nieuwe auto's aan.

De remmen, zei mijn chauffeur naar adem happend toen we de rotsen voorbij waren en een grindweg tussen de sparren waren ingeslagen. Ze kon nauwelijks ademhalen en ik was niet in staat iets te zeggen. Toen zei ze het nog een keer. De remmen, die hebben ons gered.

Mijn winter had in één klap kunnen eindigen en nu stonden we stil. Alle auto's waren gepasseerd en we waren alleen tussen de bomen. Een uitvinding had ons gered, zei mijn chauffeur, en toen ze weer op adem was gekomen, begon ze over een speciaal remsysteem waarmee onze auto uitgerust was. Want zij had de auto niet gestuurd. Het remsysteem had ervoor gezorgd dat de auto op de weg bleef. Ze had geremd toen de auto in een slip raakte, maar het kwam door het systeem dat de remmen niet blokkeerden en ons regelrecht op de vrachtwagen afstuurden. Of op een van de andere auto's erna. Of op de rotswand naast ons. Of dwars de weg over naar de afgrond. Daardoor was de auto in zijn baan gebleven. Doordat het remsysteem het overnam. Ik denk dat ze van schrik over de techniek begon te praten. Dan hoefde ze het niet over haar angst te hebben.

Trouwens, zei ze kort daarop toen ze uitgestapt was en om de auto was heengelopen, door een verkeersongeluk op een bosweg ergens aan de andere kant van de Zweedse grens heeft een Duitse ingenieur ons remsysteem uitgevonden. Hij had geprobeerd te remmen toen hij slipte op de spekgladde weg. Als er een tegemoetkomende vrachtwagen was geweest, had hij zijn systeem niet kunnen uitvinden. Maar hij was om zijn as gedraaid en in een greppel aan de andere kant van de weg beland, en nu begon ze me een gedetailleerde beschrijving te geven van de techniek achter dit remsysteem en van de verschillende stadia waar het systeem doorheen was gegaan in de jaren dat zij chauffeur was, maar ik geloof dat ze doorhad dat de technische details niet echt weerklank bij me vonden. Niet dat het me niet interesseerde, maar ik kon alleen maar denken aan de grote blauwe cabine die op ons af kwam en aan de brede voorkant van de vrachtwagen die we geraakt zouden hebben als deze ingenieur ons niet te hulp gekomen was.

Even later was de chauffeur weer zover om verder te rijden. Ze had eerder meegemaakt dat het remsysteem voorkwam dat ze van de weg raakte, maar niet met een vrachtwagen die recht op haar af kwam, zei ze, met een sliert auto's achter zich aan. Maar nu reden we naar het hotelletje een paar kilometer verderop. Haar nichtje werkte daar trouwens. Ze heette Susanne. Ze waren allebei hier in de buurt opgegroeid, iets naar het noorden. Susanne was ook in Frankrijk geweest, in Toulouse. Ze waren daar samen geweest. Zelf heette ze trouwens Jeanette. Ik zei dat ik Tara heette. Ze vond dat Frans noch Belgisch klinken. Ik vertelde dat mijn moeder Engels was. Ik vond trouwens dat haar naam ook niet erg Noors klonk, maar dat zei ik niet.

We bereikten het hotel bijna zonder ander verkeer tegen te komen en ik was opgelucht toen ik voor het rode houten gebouw uit de auto kon stappen. Mijn benen trilden nog steeds een beetje en ik zag dat mijn chauffeur ook voorzichtig deed toen ze uitstapte en mee naar binnen liep om haar nichtje te begroeten.

Ik verzekerde me ervan dat ik een kamer kreeg die niet onlangs gebruikt was en nu zit ik aan een tafeltje met uitzicht op een sparrenbos met hier en daar een enkele boom die door de storm is geveld. Ik schrijf op mijn losse velletjes papier, niet in mijn groene boekje. Ik heb het adres van het hotel niet in mijn groene boekje geschreven. Ik denk niet dat ik hier nog eens terugkom. Ik wilde winter en ik heb winter gekregen. Ik heb sneeuw gekregen, ik heb meer dan wat vlokken gekregen, overal ligt sneeuw. Er ligt sneeuw op de paden achter het hotel en in de bergen die zich mijlenver uitstrekken, maar ik ga niet verder, misschien ben ik al te ver gegaan.

 # 470

Ik wil omkeren, naar het voorjaar. Dat is een moeilijke manoeuvre, als het keren van een schip, denk ik, een groot vaartuig. Mijn jaargetijdenmachine heeft het overgenomen, die heeft me steeds meer winter gebracht, die staat ingesteld op veel te veel sneeuw, ik probeer te stoppen, te remmen, maar dat is niet zo makkelijk.

Het voorjaar is iets wat doorgaans helemaal uit zichzelf komt. Je hebt het een beetje koud, je kijkt ernaar uit en ineens is het er, een mildheid in de lucht, ochtenden die lichter worden. Nu is het voorjaar iets wat ik zelf moet construeren, maar het voelt alsof de winter me heeft afgekoeld, en nu zit ik hier in een hotelletje in de sneeuw, ik kan niet verder, de winter houdt me vast in zijn stille landschap.

's Nachts rond een uur of drie begint het te sneeuwen, soms iets eerder, soms iets later. Er staat een klok op het nachtkastje, een oude wekkerradio, de radio is kapot maar de klok doet het en de cijfers geven licht. Ik heb allang geen telefoon meer en ik ben eraan gewend om zonder klok te leven, maar nu word ik wakker bij de lichtgevende getallen en in een wereld zonder geluid. Het is windstil en ik denk dat de stilte me wakker maakt, dat het de afwezigheid van geluid is. Dat is vast omdat het sneeuwt, maar ik snap het niet, want hoe kan de sneeuw de geluiden dempen als alles bij voorbaat al stil is. Alsof de sneeuw een antigeluid is, alsof die een extra laag stilte over alles heen legt, het geluidsniveau gaat naar de min en ik lig in mijn bed te luisteren naar minder dan niets, zelfs mijn eigen geluiden zijn verdwenen. Niet voor lang, want dan haal ik toch adem en dan hoor ik een zacht briesje, een gesuis door de bomen, en ik hoor mensen op de gang, hele zachte geluiden buiten.

Ik zit elke ochtend na het ontbijt in de lobby. Ik vertel de nieuwe receptionist dat ik 's avonds laat ben aangekomen en waarschijnlijk niet sta ingeschreven. Ik zit een poosje te lezen voor ik opsta en het landschap in trek. Het wit in. Veel te veel sneeuw in. Ik zwerf door het bos, over de paden, ik loop omhoog, ik denk aan de paden in het bos bij Clairon, aan het vlakke landschap bij de rivier en de kleuren van de herfst, maar de wegen hier lopen schuin, ze gaan omhoog en omlaag, ik loop omhoog, draai me om en loop weer omlaag, elke ochtend, alsof ik me oefen in het omdraaien.

Vandaag kwam ik bij een kerk midden in al het wit. Ik wist niet meer precies waar ik was, ik dacht dat ik op het punt stond te verdwalen, maar de kerk lag hoog, ik keek uit over het dal en in de verte zag ik een gebouw liggen dat op mijn hotel leek.

Gerustgesteld dat ik niet verdwaald was liep ik wat rond over het kerkhof. Ik pakte de greep van de kerkdeur, maar de deur zat op slot, dus liet ik die weer los en liep tussen de grafstenen door. Er waren geen voetafdrukken op de paden, ik was de enige persoon die hier in de vers gevallen sneeuw had gelopen. Ik ontwaarde een paar huizen vlakbij, maar er waren geen mensen, geen levende in elk geval, want ik moest ineens denken aan al die lichamen die onder de grafstenen lagen. Dat gaf me een vreemd kalm gevoel. Een gevoel niet alleen te zijn. Er waren mensen in de buurt. Ze lagen in kisten of urnen, onze lichamen verkeerden in verschillende toestanden, sommige waren as, andere beenderen, en sommige hadden nog steeds vlees en huid en kleren om hun huid, maar we waren van dezelfde soort. Ze hadden namen. Ik zag ze staan op de stenen. Veel stenen waren fraai gevormd met gepolijste oppervlaktes, om sommige namen waren patronen gegraveerd of er stonden met sneeuw bedekte beeldjes boven op de stenen. Andere stenen waren kleiner en simpeler, en dan had je nog een paar die groter waren en grover gehouwen, bijna iets tussen een rotsblok en een grafsteen in. Maar overal stonden namen op en op de meeste ook data, geboortedata en sterfdata.

Door de sterfdata voelde ik me weer alleen. Ik had een geboortedatum. Ik had een naam. Tara Selter, zo heette ik, maar ik had geen sterfdatum. Nog niet. Mijn sterfdatum had achttien november kunnen zijn, die was al dichtbij geweest, en misschien zou het wel achttien november worden, maar ik leefde nog, ik was gered door een remsysteem, ik was alleen maar stil blijven staan. Ik had mijn chauffeur met me mee de dood in kunnen nemen. Ik had een rij ontzette automobilisten met me mee kunnen nemen. We hadden hier allemaal kunnen liggen. Alleen omdat ik naar winter en sneeuw verlangde. Ik was hun achttien november binnengedrongen, ik moest voorzichtig zijn, dacht ik. Ik weet al dat ik sporen nalaat. Ik verteer mijn wereld. Ik krijg brandwonden en verstuikte enkels. Maar ik breng ook andere mensen in gevaar. Ik haal ze uit hun achttien november. Uit hun patroon. Ik riskeer iemand de dood in te jagen. Ik kan me niet voorstellen dat de wereld zichzelf repareert, dat de mensen de volgende dag weer wakker worden als ze door mij uit de koers zijn geraakt. Ik moet oppassen. Ik ben een gevaar voor mijn omgeving, dacht ik terwijl ik door de sneeuw liep. Ik trek mensen met me mee over besneeuwde wegen.

Maar niet daar in de sneeuw op het kerkhof. Ik was door verse sneeuw gelopen, ik kruiste geen enkel spoor, ik liep niet in de weg, ik richtte geen schade aan. Of bijna geen, ik liet een rij voetsporen achter die zouden verdwijnen als het in de loop van de nacht zou gaan sneeuwen.

 # 472

Ik ga elke avond vroeg naar bed. Ik val snel in slaap. Ik word in de loop van de nacht wakker. Als het dan nog niet is gaan sneeuwen, lig ik er in bed op te wachten. Er zijn heel zwakke geluiden, een gedempt gesuis in de bomen, een enkele auto in de verte, en ineens verdwijnen alle geluiden. Ik denk dat ik weet wat er gebeurt. Achttien november keert terug, elk geluid verdwijnt en ineens begint het te sneeuwen.

Ik voel me thuis in al het wit, maar ik verlang naar warmte. Ik verlang naar smeltende sneeuw. Ik verlang ernaar om te keren en naar het voorjaar te reizen.

 # 473

Iedere dag aan het begin van de middag, als ik allang weer terug ben van mijn wandelingen, rijdt er een vrachtwagen het terrein van het hotel op. Hij is blauw en ik denk dat het de vrachtwagen is waar we bijna tegenaan gebotst waren, Jeanette en ik. Ik kan het niet met zekerheid zeggen, het is een lokaal transportbedrijf met meerdere wagens, het zou een andere kunnen zijn, maar ik denk dat het dezelfde is. De chauffeur levert goederen af aan de keuken, hij zet een pallet met dozen bij de keukendeur en rijdt hier weg op een tijdstip dat volgens mij past bij toen we elkaar op de weg passeerden. Het moet hem zijn. Ik heb zijn gezicht niet gezien vanuit de auto, alleen de grote blauwe cabine die op ons afkwam.

’s Middags zit ik meestal in de lobby. Ik lees of denk na over hoe het nu verder moet. Ik ben gestrand. Ineens vastgelopen en nu kan ik niet op eigen kracht verder. Ik heb een motor nodig, een voertuig dat me weg kan voeren uit deze winter, dat me kan helpen om te keren. Ik kijk naar de blauwe vrachtwagen, naar de sporen die hij op het terrein achterlaat, en morgen vraag ik misschien of ik kan meerijden.

 # 475

Ik had mijn spullen ingepakt voordat ik met mijn boek in de lobby ging zitten en ik zat te lezen toen de vrachtwagenchauffeur binnenkwam. Ik vroeg hem of hij naar het zuiden ging, of hij langs een treinstation kwam, of ik mee mocht rijden. Natuurlijk, zei hij. Ik dacht dat hij me wel kon afzetten bij het station in de dichtstbijzijnde stad, maar hij moest verder naar het zuiden, voorbij de spoorlijn naar Bergen, en van een station onderweg kon ik makkelijk verder reizen.

Terwijl hij de goederen uitlaadde, haalde ik mijn tas en betaalde de rekening bij de receptie. Ik zette het boek waarin ik had zitten lezen in een kast in de lobby, waar de gasten vrijelijk gebruik konden maken van de achtergelaten boeken. Het was een van de boeken die ik uit de kast bij mijn ouders had gepakt. Ik haalde het andere boek uit mijn tas en zette nog een paar boeken die ik al lang uit had in de kast, waarna ik in de cabine van de vrachtwagen klom. Een paar minuten later, nadat hij gecontroleerd had of de deuren goed dicht zaten, keerde de chauffeur de vrachtwagen op het erf, draaide de weg op en reed naar het zuiden.

In de vrachtwagen voelde ik me veilig. Vanuit de cabine kon ik het landschap bekijken. Ik had een goed overzicht over de weg en kon de auto's zien die onder ons langs reden: gezinnen en stelletjes en automobilisten alleen, gevangen in kleine voertuigen. Ik weet niet waarom ik me veilig voelde, want we konden nog steeds van de weg af raken, we konden in de afgrond storten, we konden kantelen, maar dat gebeurde niet.

Vanaf mijn uitzichtpost naast de chauffeur kon ik uitkijken over de bomen, die een breekbare indruk maakten nu veel van hun soortgenoten waren omgewaaid, tere planten die kriskras in het landschap lagen, in het rond gestrooid door de storm. De chauffeur vertelde me over de storm, een najaarsstorm, zei hij, maar een storm in het vroege voorjaar moet de bomen geknakt hebben, want ik ben op weg naar het voorjaar en ik ben weer stukjes voor mijn jaar aan het verzamelen. Ik denk aan maart en ik heb maartse storm in mijn groene boekje geschreven. Ik ben op zoek naar lentebodes en er lag al minder sneeuw toen we uit de bergen verder naar het zuiden reden.

Ik vertelde de chauffeur wat me in de taxi was overkomen. Ik zei er niet bij dat het hoogstwaarschijnlijk zijn vrachtwagen was geweest die ons bijna had verpletterd, want hij noch Jeanette zou enige herinnering hebben aan het voorval, maar hij begon me nu nog meer te vertellen over remsystemen dan ik al wist. Ik zei dat ik me veilig voelde in de vrachtwagen, hoog boven de weg, en dat ik niet hield van gewone auto's, personenauto's en gezinsauto's: kleine koekblikken met hun valse beloftes van veiligheid.

Toen we na een paar uur rijden pauzeerden, stond de chauffeur erop zijn lunchpakket met mij te delen: roggebrood met gemarineerde haring en koud lamsvlees met ingemaakte bietjes. Ik vertelde hem dat ik gek was op haring. En op roggebrood. Voortaan was ik ook gek op *lammerull med rødbete*. Zelfgemaakt, zei hij. Zijn vrouw had het allemaal klaargemaakt. Ze voorzag hem altijd van meer dan genoeg proviand als hij op pad ging. Soms was hij dagen achtereen weg, soms reed hij half Europa door, niet vaak, maar als dat zo was had hij eten voor de hele reis mee. Dan was het net of hij toch samen at met zijn gezin.

Toen we de stad naderden waar ik de trein zou nemen, bood hij aan me naar het station te brengen, maar ik sloeg zijn aanbod af en stapte bij de invalsweg uit de vrachtwagen. Ik wilde zijn geplande route niet onderbreken, dus ik bedankte voor de lift en liep door de berm naar de stad terwijl de vrachtwagen in de verte verdween.

De laatste trein was al vertrokken, dus ik checkte in bij het dichtstbijzijnde hotel en nu heb ik mijn jaargetijdenreis hervat. Ik heb het adres van het hotel in mijn jaargetijdenboek geschreven, ik heb geschreven over lentebodes en de treintijden naar Bergen genoteerd.

Ik voel dat er iets gaande is. Ik weet zeker dat de lente eraan komt, en bij het roerei in het hotel at ik bieslook, die hier *gressløk* heet en een beetje naar de lente smaakt. Maar ik wil het jaar niet opjagen. Ik ga niet naar het vliegveld om me wat voorjaarslucht toe te eigenen, de tijd die je moet wachten maakt de lente tot lente. De sneeuw is haast weg en ik wacht geduldig. Ik zit in mijn hotel te wachten tot het tijd is om naar het station te gaan, ik wacht op kleine lentebodes, op dooi en zachtere dagen.

476

Ik nam de ochtendtrein naar Bergen en het bleek dat ik nog niet klaar was met de winter. Al gauw strekte het landschap zich onder ons uit, wit met grijze vlekken her en der, want we bewogen ons omhoog door een landschap met rotsen en sneeuw. Toen we Bergen naderden hadden we twee uur vertraging opgelopen, het landschap was niet wit meer en de sneeuw had plaatsgemaakt voor regen.

In mijn coupé zaten twee internationale studenten die een afspraak met hun toekomstige huisbaas hadden. Ze waren van plan om een kamer midden in de stad te huren, of liever, zo bleek, twee kamers. Ze hadden met de huisbaas afgesproken, maar ze waren te laat. De ene student sprak Noors en hij vertaalde de informatie die hij kreeg voor de ander. Ik hoorde dat ze afspraken om de kamer dan maar de volgende dag te gaan bekijken. De verhuurder zou er om tien uur zijn, maar als zij er eerder waren konden ze de sleutel boven de deur vinden. De kamer was niet bewoond en ze konden de brandtrap naar de kamer nemen. Voor de zekerheid spelde degene die Noors sprak het adres voor de ander, die het opschreef. Ik deed hetzelfde, ik schreef het adres in mijn jaargetijdenboek, want ik dacht dat als zij de kamer niet voor de negentiende zouden gebruiken, ik dat in de tussentijd wel kon doen.

Op het station in Bergen hing een grote plattegrond van de stad. Ik zag al snel op de kaart waar mijn straat was, en op een leeg bankje naast de plattegrond lag een vergeten paraplu. Ik keek om me heen of ik een mogelijke eigenaar zag, maar er waren niet veel mensen op het station. Dus nam ik hem mee. Hij was gebloemd. Ik had nog nooit een paraplu met bloemen erop gehad. Een lentebloemenparaplu, dacht ik en ging op pad in de regen.

Het was niet moeilijk om het adres te vinden en algauw stond ik voor een grote grijsmetalen brandtrap. Ik liep de trap op, en inderdaad: boven aan de trap kwam je via een glazen deur die niet op slot zat in een gang met vijf zwartgeverfde deuren en boven een ervan – de eerste als je binnenkwam – lag een sleutel die op het slot van de deur paste.

Ik had me snel geïnstalleerd in de kamer, die eigenlijk uit twee kleine kamers en een keukentje aan het eind achter in de ene kamer bestond. Er waren geen meubels, alleen een paar opvouwbare matrassen die opgestapeld lagen in een hoek, maar ik vouwde ze uit, zette de verwarming in de kamer aan, trok mijn jas om me heen en voor ik het wist sliep ik.

In de loop van de nacht ging de regen over in sneeuw. De rest van de nacht sneeuwde het. Toen ik vanmorgen wakker werd waren de daken wit en ik ging in de vensterbank zitten en keek uit op al het wit waar ik juist vanaf wilde.

Terwijl ik daar zat begon het weer te regenen en even later hoorde ik de eerste sneeuw van het dak glijden. Kort daarna gleed er nog een lading sneeuw omlaag met een nat en enigszins slepend geluid dat echode tegen de muur achter me. De beweging van de sneeuw was voelbaar als een lichte vibratie achter mijn rug, terwijl ik vanaf de vensterbank uitkeek over de daken en zag hoe de ene na de andere natte lading sneeuw omlaag gleed en op straat plofte.

Sneeuw die van daken glijdt is een voorjaarsgeluid en ik twijfel er niet aan dat de lente in aantocht is, want ook al glijdt de sneeuw die vannacht is gevallen van het dak af door een herfstbui, toch komen er voorjaarsgeluiden in me op. Ik moet denken aan de sneeuw die van het dak glijdt en in de tuin van de oude Selter terechtkomt. Dat is het geluid dat ik hoor en ik herinner me een voorjaarsdag in Clairon, misschien was het nog februari en helemaal geen lente, misschien was het maart, maar het had een paar dagen gesneeuwd en gevroren en opeens was het gaan dooien. Thomas' vader was op bezoek. Het was waarschijnlijk kort na onze verhuizing, want daarna is hij niet meer langs geweest.

We stonden in het kantoortje dat vroeger de kinderkamer van Thomas' vader was geweest en dat hij had gedeeld met zijn broertje, Thomas' oom. Hun ouders hadden in de kamer ernaast geslapen en nu konden we de sneeuw van het dak horen glijden terwijl de vader van Thomas vertelde over Clairon in de winter.

Hij had net iets gezegd over de sneeuw in de tuin van de oude Selter, iets over dat hij en zijn broertje in de sneeuwhopen hadden gespeeld die van het dak waren gegleden, maar zijn vader – de oude Selter, zoals hij zei – verbood ze daar te spelen, want er hingen lange, scherpe ijspegels aan de dakgoot die ieder moment naar beneden konden vallen, en plotseling was er een geweldige ijspegel afgebroken en vlak naast hen terechtgekomen.

Thomas moest lachen. Niet om het verhaal, waar hij nauwelijks naar had geluisterd, maar omdat zijn vader diens vader de oude Selter had genoemd. Hij was nu zelf immers de oude Selter, zei Thomas. Ik glimlachte even, maar dat had ik duidelijk niet moeten doen. Thomas' vader werd woedend, draaide zich om en was de rest van de dag kwaad. Hij vond het maar niks. Hij vond het maar niks dat de tijd verstreek. Hij vond leeftijd maar niks. Hij vond het maar niks dat Thomas de jonge Selter was. Hij was 's ochtends met Thomas naar de markt geweest en hij vond het maar niks. Om naast zijn volwassen zoon te lopen. Dan was hij oud en hij wilde niet oud zijn.

Nu hoor ik het geluid van lente als de sneeuw van het dak glijdt, en ik denk aan lente en zomer en herfst, en ik heb er niets op tegen dat de tijd verstrijkt.

 # 479

Ik ben vanmorgen vroeg, voordat de sneeuw van de daken ging glijden, met de boot uit Bergen vertrokken en nu steek ik de Noordzee over. Ik heb de afvaarttijd van de veerboot in mijn jaargetijdenboek opgeschreven en ik voel het weer: de beweging van de jaargetijden. Ik hoor het als ik aan dek sta, het gebrom van de motor, een touw dat keer op keer tegen de zijkant van het schip slaat.

De lichten van de haven verdwenen achter ons toen we het duister van de ochtend in voeren. Het waaide een beetje. Het waait nog steeds, niet hard, er is geen storm op komst, ik verwacht een rustige overtocht. Ik heb de curves en overzichten van de meteoroloog bekeken. Ik verwacht lente en ik ben gekleed op de lente. Het is koud als ik in mijn dunne jas het dek op ga. Ik heb hem gekocht in een tweedehandswinkel in Bergen, hij is lichtgrijs met een vleugje groen. Misschien dat hij niet zo goed staat bij mijn gebloemde paraplu, maar die deed mij denken aan de lente, en ik heb mijn winterjas achtergelaten in de tweedehandswinkel. Ik heb een paar korte laarsjes gekocht en ik reis licht en voorjaarsachtig. Misschien een beetje optimistisch, maar ik ben op zoek naar plaatsen met warm weer, zachte wind, een vleugje groen.

482

Ik kwam 's avonds aan toen het al donker was. Het was laat voordat we aan land konden en ik door de grenscontrole was, maar ten slotte zat ik in mijn trein, die eerst niet wilde starten maar uiteindelijk diep in de nacht het donker in reed. Ik probeerde het duister als vriendelijk voorjaarsduister te zien, maar het was laat en ik viel in de trein in slaap.

Vroeg in de ochtend kwamen we aan in Londen, en ik ging meteen op zoek naar een hotel met een vrije kamer. Het regende niet, er lag geen sneeuw in de straten. Het was niet koud, maar ook niet warm. Er waren lichtjes en geluiden en winkels die open waren in het donker. Er waren mensen op straat, ik probeerde aan het voorjaar te denken, maar niemand was gekleed alsof het voorjaar in aantocht was. Ik dacht dat de lente een beetje tevoorschijn zou komen als het licht werd, en na niet al te lange tijd vond ik een hotel dat een kamer had waar ik meteen in kon.

De volgende dag pas vond ik iets van lente. Dat wil zeggen, de volgende dag vond ik alles. Alle jaargetijden. Ik ging veel winkels in op zoek naar tekenen van voorjaar, aanvankelijk opgewekt en nieuwsgierig, daarna verward, overweldigd, en later bijna verlamd door de jaargetijdenjanboel, en ik weet niet wat me het meest verwarde: de overvolle schappen met fruit, bessen en groente uit alle seizoenen en continenten of de verscheidenheid aan verpakkingen. Ik maakte een rondgang langs schappen, vitrines, dozen en stapels. Ik zag verpakkingen in alle soorten en maten, zeshoekige en vierkante, kleine rechthoeken en grote ovalen, middelgrote bekers met transparante koepels als deksels en vierkante dozen met scherpe hoeken. Je had platte bakjes van plastic en papier, vreemd gevlochten manden en krakende zakken met gaatjes zodat de lucht erin en eruit kon. Je had langwerpige doosjes met rabarberstengels en kleine potjes met kruiden die op de schappen doorgroeiden in het felle voorjaarslicht. Je had rijen bakjes met fruit, je had zakjes en bakjes met vreemde sluitmechanismen, met ritsen, knopen en elastiekjes. Ik liep langs doosjes met bosbessen, frambozen en aardbeien, voorzichtig op zachte ondergrond gelegd. Ik zag gele netjes met citroenen, oranje met sinaasappels, groene met limoenen en soms een netje in bordeauxrood met rode grapefruit. Er waren schappen met gesneden fruit, doorzichtige plastic bakjes gevuld met fruit in alle soorten en maten, in blokjes en reepjes gesneden, in schijfjes en driehoekjes of in de vorm van groene of gele bolletjes. Er was voorverpakte groente in plastic en karton, gesneden, geraspt, gehakt of in ringen gesneden. Er waren bakjes met gemengde salade, dressing, topping en vorken en lepels zorgvuldig verpakt in plastic, en ik liep daar rond en kon gewoon niet kiezen, ik was vergeten wat er bij het voorjaar hoorde.

Ik dacht aan het voorjaar in de tuin van de oude Selter. De prille voorjaarsbloemen, bieslook die met kleine sprietjes uit de grond stak en de peterselie van het najaar die tot leven kwam en nog een poosje doorgroeide voor hij ineens doorschoot. De snijbieten die na de winter vanuit hun donkergroene kern verder groeiden, de laatste preien die je moest oogsten voor het te laat was, een beetje zacht na een winter in de tuin, de uien in de schuur, aardappelen, als er nog een paar over waren, en iets later de eerste rabarber die zich ontvouwde, de spinazie die opkwam, de resterende artisjokken waarvan de scherpe bladeren uit de wintermoeë plant omhoog staken, terwijl de grijsbruine resten van het voorbije jaar er verlept op de grond omheen lagen, en later weer de groene asperges, eerst de allerkleinste die zichzelf uitgezaaid hadden en een paar weken later de grote lichtgroene scheuten, steeds meer, tot aan midzomer, waarna ze mochten uitgroeien tot lange, donkergroene struiken.

Ik dacht aan de markt in Clairon. Marktkooplieden met grote voorjaarsjassen, huismoeders en oudere heren die hun rieten boodschappentassen openhielden waarin de losse vruchten en groenten kriskras door elkaar kwamen te liggen met ten slotte nog een bruin zakje met druiven er bovenop, jonge mannen en vrouwen met bedrukte draagtassen en passanten met knisperende tasjes van plastic.

Ik legde niets in mijn mandje. Ik trok het achter me aan, het slingerde op zijn scheve wieltjes, ik kon maar niet kiezen terwijl ik door de winkels liep, verdwaasd als een dier in het scherpe licht, heen en weer geslingerd tussen mijn zoektocht naar lente en de kleuren van de jaargetijden.

Ten slotte hielpen de woorden me op weg en ik liep naar de kassa met voorjaarsnamen in mijn mandje: *spring greens*, *spring onions* en een plastic beker met *spring soup*, en ik verliet de winkel met een tasje vol voorjaar, niet veel, maar genoeg om te voelen dat ik op weg was.

Op mijn kamer at ik mijn voorjaarssoep, koud en met een onbestemde smaak, waarna ik mijn groenten in mijn tas stopte en de receptie vroeg me te helpen de weg naar het zuiden te vinden, naar het voorjaar.

497

Ik ben uit de winter. Het is zacht weer. Ik denk *voorjaarslucht* als ik in lichte regen over de natte wegen fiets. Het is een voorjaarsbuitje, ik fiets niet ver, ik bekijk het per dag. Ik ben aan de wegen gewend geraakt, aan het verkeer. Ik ben gewend geraakt aan de huizen waar ik een of twee dagen een kamer huur. Ik ben gewend geraakt aan de keukens, de fornuizen en de koelkasten. Met een scherp mes uit de lade snijd ik in snelle halen voorjaarsgroente. Ik heb radijsjes en spinazie gevonden, zonnige dagen zonder sneeuw, matige wind, en gisteren vond ik een stoel in een tuinschuur, zodat ik in de zon kan zitten, niet lang, ik hou mijn voorjaarsjas aan, maar er zal meer zon zijn als ik verder naar het zuiden ga.

Ik fiets door dorpjes, over smalle wegen, langs groene velden. Enkele zijn nog steeds bruin, maar de meeste ontkiemen al. Ik kan de zachte en vochtige lucht voelen en dat moet volstaan om van voorjaar te kunnen spreken.

In mijn eerste huis trof ik een fiets aan in de schuur. Ik aarzelde een paar dagen, haalde hem toen uit de schuur, smeerde de ketting met olie die ik op een plank zag staan, ik schafte fietstassen en snelbinders aan om mijn tas op de bagagedrager te kunnen binden. Ik maakte korte fietstochtjes in de buurt, vond een regenponcho en een paar te grote rubberlaarzen en liet mijn wollen kleren achter op de plek van de regenponcho. Van fietsen krijg je het warm, je went aan de regen en de warmte. Ik fiets bij weinig wind in lichtgrijs zonlicht. Ik doe de regenponcho aan als het zachtjes regent, en als het harder gaat regenen zoek ik een poosje beschutting en zo beweeg ik me over de wegen: langzaam en voorzichtig door het voorjaar.

Ik heb mijn gebloemde paraplu nog steeds, hij ligt ingeklapt in mijn tas en ik heb nu een hoes voor mijn fietstassen, want ik vind het fijn om door de voorjaarsregen te rijden, ik hou van zonlicht dat afgewisseld wordt met grijze luchten, ik hou van onverharde wegen en middagen met tegenwind.

Ik noteer stadjes en wegen in mijn jaargetijdenboek. Ik beweeg me voort langs fietsroutes en over smalle bruggetjes die me over rivieren en watertjes helpen. Ik zoek naar tekenen van voorjaar en ik maak voorjaarsgerechten in vreemde keukens. Er zijn lege huizen op achttien november, die zijn niet moeilijk te vinden. Ik schrijf de adressen van de lege huizen en de recepten van de voorjaarsgerechten in mijn boek. Ik kom langs winkels waar ik onderweg proviand insla en ik schrijf dat het voorjaar is en dat de velden groen zijn. Ik schrijf over bandenplakspul en kettingen die er ineens afschieten, ik schrijf over fietsenmakers met fietspompen voor hun winkel die je kunt gebruiken als de winkel dicht is.

504

Het tempo is opgeschroefd, de dagen vliegen om. Ik schrijf april in mijn jaargetijdenboek. Ik beweeg me in zuidelijke richting en ik denk aan vakanties in voorjaarsweer, ik denk aan paasvakantie in Engeland, ik denk aan Lisa en haar zomerweer. Ik denk aan Thomas, maar dan ga ik op de pedalen staan, ik voel het zweet op mijn rug onder de regenponcho en mijn voeten in de iets te grote rubberlaarzen. Zo kom ik vooruit, zo gaat het iets harder, ik moet me op de heuvels concentreren, ik daal snel af, ik zwoeg omhoog, en dan stop ik met denken. Ik bestudeer het landschap en schrijf namen in het jaargetijdenboek. Plaats na plaats. Naam na naam. Ik schrijf over de wind in mijn haren, de regen in mijn gezicht, mijn koude handen op het stuur.

508

De eerste woensdag na volle maan na de lente-equinox. Dan wordt het Pasen in mijn agenda. Maar ik heb geen zondagen en ik heb geen volle maan of equinoxen. Hoe kan het dan Pasen voor me worden? En wie bedenkt die dingen überhaupt? Wie bedenkt feestdagen die de zon en de maan en de planeten volgen? Mijn jaar kan niet door de hemel gestuurd worden, want de hemel is dezelfde, ik moet mijn voorjaar op de velden zoeken en op fietspaden, ik moet mijn Pasen in de winkels zoeken. Ik ben op zoek naar paasweer, maar paasweer kan van alles zijn. Ik herinner me hagel in april, ik herinner me paaszon en paasregen in onze tuin in Brussel. Ik herinner me Pasen in Engeland, ik herinner me warme dagen en lichte vorst.

Ik graaf in mijn geheugen naar Pasen. Ik herinner me paaseieren. Lisa en ik op een vloerkleed, het moet tijdens een familiefeestje geweest zijn bij de broer van mijn moeder, misschien een verjaardag, een trouwdag, misschien die van mijn grootouders, ik herinner me alleen de eieren. Lisa en ik hadden gevraagd of we wat speelgoed van ons neefje mochten lenen, maar dat mocht niet dus had mijn moeder een paar boeken uit haar tas gehaald en nu zaten we op de vloer met onze boeken. Toen kwam onze tante eraan met een gevlochten mandje en in het mandje lagen vier mooie eieren, misschien van hout, ze waren tamelijk zwaar, ik herinner me het gewicht van de eieren in mijn hand en de kleuren, volgens mij waren ze beschilderd, geel, lichtgrijs en groen gespikkeld.

This is for you, zei mijn tante met een glimlach. Ze gaf ze aan mij, want ik was de oudste, maar ze waren voor ons beiden want ze keek ook naar Lisa, die over haar hele gezicht begon te stralen bij het zien van de mooie eieren en daarna ook naar mij toen ik het mandje aanpakte, verrukt over dit fraaie cadeau. Toen kwam een van de gasten onze tante begroeten en ze verdween tussen de aanwezigen in de kamer.

Kort erna, terwijl Lisa de eieren uit het gevlochten mandje haalde, sprong ik op, want er was me iets te binnen geschoten: ik was het belangrijkste vergeten, dus ik rende naar mijn tante, die met een man stond te praten die ik niet kende, en helemaal buiten adem haastte ik me te zeggen *Thank you, auntie Kate, thank you so much*. Ze keek me verbaasd aan en ik bedankte haar nogmaals voor de fraaie eieren die ze ons gegeven had, de eieren in het mandje. Ze keek naar me, aarzelde even en barstte toen in lachen uit.

I didn't give them to you, zei ze terwijl ze een blik wisselde met haar gesprekspartner, die nu met haar meelachte. De eieren waren geen cadeau. Waarom dacht ik dat? We mochten ermee spelen, zei ze terwijl ik wegliep. Misschien kwam het door de teleurstelling dat de mooie eieren niet voor ons waren, misschien schaamde ik me omdat ik het verkeerd begrepen had, misschien schaamde ik me vooral omdat ze samen lachten, maar mijn blijdschap was weg en toen zag ik dat mijn tante nog een blik wisselde met de onbekende man, een licht minzame blik, het kort optrekken van haar wenkbrauwen, wat ze ook altijd deed als wij iets niet begrepen, als een van ons Frans en Engels door elkaar haalde of als we onze *thank you* en *please* vergaten als we op bezoek waren.

Lisa zat nog steeds op de grond met in elke hand een ei, maar ik had er geen belangstelling meer voor. Ik zei dat de eieren niet van ons waren, maar zij vond ze nog steeds mooi. Ik vond dat het veel te lang duurde voordat zij er ook op uitgekeken was, maar even later had Lisa ook geen zin meer om met de eieren te spelen. We zetten het mandje voorzichtig weg in de vensterbank en liepen de tuin in om ons neefje te zoeken.

Toen we later in de trein zaten, vertelde ik mijn ouders over het mandje met de beschilderde eieren en mijn moeder probeerde ons de reactie van onze tante uit te leggen. Misschien hadden we het verkeerd gehoord. Misschien had ze gezegd *This is for you to play with*. Maar ik wist dat ze dat niet had gezegd. Misschien, zei onze moeder, had ze dat mandje met eieren net zelf gekregen van de gast die naast haar stond. Misschien probeerde ze de situatie te redden zodat hij niet dacht dat ze zijn cadeau had weggegeven. Misschien, misschien, zei mijn vader en daar lieten we het bij.

Toen we overstapten in Londen, verdween mijn vader in de mensenmassa en even later kwam hij terug met twee grote chocolade eieren in glanzend geel papier, en ik weet nog hoe ik voorzichtig mijn ei vasthield toen we verder moesten. Het was bijna te groot voor mijn handen en lastig om te dragen. Lisa was te klein om het hare te dragen, maar ik droeg dat van mij voorzichtig de trein in en zette het voor me op een tafeltje, en toen we er waren droeg ik het weer de trein uit zonder dat het kapotging. Ik weet niet meer wanneer ik het heb opgegeten. Ik herinner me de smaak niet en ik herinner me het geluid van het gele folie niet toen ik het ei uitpakte. Ze moeten er geweest zijn, de smaak en de geluiden, maar ik herinner me alleen de treinreis met een groot geel ei voor me.

 # 512

De Pasen die ik in mijn herinnering terugvond hielp me niet verder in mijn zoektocht naar het voorjaar. Ik kwam evenmin dichter bij het voorjaar toen ik *hot cross buns* vond in een supermarkt of toen ik een winkel ontdekte met zowel paasservetten als chocolade haasjes in een geel plastic netje. Ik fietste weg met mijn buit in mijn fietstassen en ik bedacht dat het een wanhoopsdaad was. Dat het niets met Pasen of het voorjaar te maken heeft. Het zijn gewoon rekwisieten. Het is iets wat ik opschrijf in mijn groene boekje, samen met paasadressen, tekenen van voorjaar, temperaturen en zonuren.

 # 513

En toch. Ineens heb ik wind mee, ik fiets over onverharde fietspaden, over bruggen en langs watertjes, de zon breekt door, mijn jaargetijdenmachine werkt, het maakt niet uit dat het een novemberdag is. Het maakt niet uit dat mijn voorjaar uit vreemde rekwisieten bestaat. Ik ben verder mijn jaar in geblazen. Ik fiets weg met mijn voorjaarsleugens, groene leugentjes, of gele. Mijn novemberdag laat me los, zijn greep verslapt, ik ben er vandaan gereden. Ik heb gezegevierd over de bewegingloze en paasloze novemberhemels, vannacht was het bewolkt, maar vandaag schijnt de voorjaarszon en ik fiets naar het zuiden.

 # 519

Ineens zijn ze er, pasgeboren lammetjes in een weiland in Cornwall. Ik denk aan de meteoroloog die gelijk had. Hier zijn paaslammeren. Ik fiets verder en het gaat niet om één weiland, het zijn er meer. Er lopen ooien met heel jonge lammetjes. Ik stop, verbaasd. Het is niet koud hier, bijna warm. Het is voorjaar geworden. Ik sla af en rijd langs het weiland en zie een bordje met het opschrift *Springfarm* en *Bed & Breakfast*. Ik denk oervoorjaar, voorjaarsessence, voorjaarsconcentraat, en dan check ik in.

 # 526

Het is niet makkelijk om een voorjaar vast te houden.

Het glipt tussen mijn vingers door zodra ik stil blijf staan. Ik zit bij het raam in mijn bijgebouwtje achter de voorjaarsboerderij en ik kan schapen met lammetjes zien in het weiland. De stallen zijn gevuld met voorjaar, de schapen lammeren, de koeien kalven, de velden zijn groen, het zijn weilanden en akkers met winterzaad.

Maar ik mis iets. Ik schrijf het niet in mijn boek, maar ik schrijf het hier. Het is iets in de lucht of ergens in mijn lichaam. Het zijn gewaarwordingen en geuren, geluiden misschien. De explosie van vogelgeluiden in de ochtend, de geur van planten. Het is alsof de lucht te dun is, misschien komt het doordat er pas uitgelopen bomen ontbreken, iets groens in de atmosfeer, voorjaarschemie, stuifmeel, ik weet het niet, maar het gevoel van voorjaar is moeilijk op te wekken ook al zijn de velden groen.

In mijn boekje schrijf ik niet dat de lucht voorjaar ontbeert en dat er geluiden in de lucht ontbreken. Het is niet iets wat je kunt zien, maar ik kan de leegte ruiken. Ik kan het horen. Er zingt niemand.

’s Morgens klop ik op de deur van de boerderij en neem mijn intrek in het bijgebouw. Ik doe alsof ik net ben gearriveerd en zet mijn fiets op de binnenplaats. Even later komt er een gezin met kinderen aan. Ze komen naar de lentelammetjes van november en de kalfjes kijken. We worden rondgeleid door de eigenaar en hij vertelt over zijn bedrijf. Het is praktisch om de schapen en koeien in de herfst hun baby's te laten krijgen. Hij zegt baby's. Ik denk dat dat speciaal voor de drie jonge kinderen is. Tegen ons volwassenen heeft hij het over blokkalveren en herfstlammeren, over de voordelen van gesystematiseerde reproductie. Het gaat over effectief gebruik van tijd en arbeid. Als de bessenoogst en de fruitoogst voorbij zijn en het zaaien in de herfst is gedaan, zijn er dagloners beschikbaar. Dan kun je hulp krijgen voor de schapen en de koeien, het is zacht genoeg om ze in de herfst te laten lammeren en te kalven, je kunt ze gedurende de winter laten groeien en dan zijn ze voor de lente klaar.

Achter de boerderij liggen verschillende stallen met nog meer schapen en lammetjes die denken dat het lente is. Je kunt paarden huren, dus huur ik een paard, hij is rustig en we rijden door het bos, heel kalm, maar het is een herfstbos. Ik kan het geen lente laten blijven.

 # 543

Ik heb de fiets achtergelaten in een tuinschuur in Plymouth. Ik heb mijn fietstassen en mijn rubberlaarzen in een hoek van de schuur gezet, maar de poncho heb ik nog. Ik ben op een veerboot gestapt en nu zit ik in een trein op weg naar de zomer. Ik voel verandering. Het zijn de planten die me op weg helpen. Ik denk aan asperges. Aan rabarber en vroege aardbeien. Ik ben klaar voor de zomer en ik ben op weg. Verlangend naar zon. Vol verwachting. Ik hoef geen snikhete dagen, gewoon een zachte zomer met wat zon en het geluid van de zee.

Ik denk aan mijn zus. Ik heb overwogen haar met me mee te nemen de zomer in, naar haar toe te gaan en haar alles te vertellen, een tas inpakken en samen op reis.

En dan denk ik aan Thomas. Ik denk aan hoe hij keek. Het gevoel van een warme huid en zomerse dagen. Ik zou naar Clairon kunnen gaan, hem kunnen ophalen, misschien dat hij toch met me mee op reis wil, dat we naar de zomer kunnen reizen.

Ik denk aan het geluid van zijn voetstappen op de trap op een zomermiddag. Het hout dat kraakt bij iedere stap die hij zet. Hij is terug van het postkantoor. Ik hoor dat hij naar boven gaat om het kantoortje op te ruimen, hij zet een paar boeken in de kast. Ik loop de trap op. We hebben werk te doen, maar desondanks liggen we al snel in bed in de slaapkamer.

Maar ik weet het maar al te goed. Dat hij niet met me mee wil. Dat ik de zomer niet als argument kan gebruiken om hem over te halen. Hij zal zeggen dat ik zelf zomer moet zoeken. Ik ga niemand halen, ook mijn zus niet. Ik vind mijn weg alleen wel. Hoe kan ik ze vragen met me mee te gaan? Hoe kan ik ze mijn achttien november in trekken?

562

Ik heb zomer gevonden. Zomer in november. Of voorzomer. Op een strand bij Montpellier. Het is hier midden op de dag zoel en zonnig. Ik schrijf temperaturen en uren zon in mijn jaargetijdenboek en ik schrijf dat het vroeg in het seizoen is, want er zijn niet veel toeristen. Maar het is wel gemakkelijk om zomerhuisjes te vinden en er is altijd plaats in een zomercafé.

Ik woon in een leeg huis aan zee en 's morgens eet ik aardbeien in mijn keuken met uitzicht op het strand. Ik koop asperges en verse vis, en binnenkort moet ik weer verder naar warmere dagen. Ik heb mijn poncho niet meer nodig, dus die heb ik opgevouwen en samen met de paraplu in een kast onder de trap gelegd, en als ik de trap op loop naar mijn slaapkamer met uitzicht over zee hoor ik heel zachtjes het geluid van de treden onder mijn voeten, een beginnend zomers kraken.

Ik heb dekens en zomerkussens gehaald. Ik heb ze naar het terras gebracht en een paar keer heb ik 's nachts buiten geslapen. Er kwamen vochtplekken in en het was koud toen ik wakker werd, want 's ochtends is het vochtig, maar de trap kraakte toch toen ik mijn kussens en dekens weer naar de slaapkamer bracht, niet erg duidelijk, het geluid is anders dan het zomerse kraken, maar de zon schijnt door het raam naar binnen, en binnenkort ga ik verder naar het zuiden langs de kust, want ik ben klaar voor warmte. Voor zon, voor strand, voor zomernachten.

 # 578

Het is niet moeilijk om in november zomer te vinden. Je volgt de stroom mensen die naar zomer verlangen en hoe zuidelijker je komt, des te meer mensen er op het strand, op de promenades zijn. Meer mensen en minder kleren.

Ik denk meer aan lichamen nu het zomer is. Ik denk meer aan huid, aan handen, voeten, armen en benen, nu ik ze op straat zie. De lichamen op het strand doen mijn gedachten naar Thomas afdwalen. Ik neem hem op in het beeld. Ik herinner me dat de lichamen naakt kunnen zijn en dan komt Thomas erbij, want de kleren zijn weg. Ik kan de strandgasten hun armen en benen gewoon laten houden, maar als ik verder denk neemt Thomas het over.

Ik kan niet doen alsof hij niet bestaat. Alsof hij niet ergens in een huis zit terwijl ik in de zon naar de zwemmende mensen lig te kijken. Ik kan niet in een bar met een van de badgasten gaan zitten praten, hem met me mee naar huis nemen en met hem op mijn balkon wijn gaan drinken om daarna met hem het bed in te duiken. Dat gaat niet, want ik weet dat hij vroeg of laat voor mijn ogen in Thomas zal veranderen.

 # 584

Ik hield het huis in de gaten. Ik liep er 's morgens en midden op de dag langs. 's Avonds laat liep ik er weer langs. Mijn huis. Mijn zomerhuis. Het ligt wat achteraf aan een van de wegen naar het strand. Er was geen mens te bekennen, dus ik kwam de dag erna weer terug. Ik kon geen sleutel vinden, ik zocht onder bloempotten en in een schuurtje achter in de tuin, en ten slotte brak ik in, het was niet moeilijk, er zat een kelderraampje aan de achterkant van het huis, de kant die grenst aan de tuin en een terras met een tafel en een paar stoelen die klaar staan voor de zomer.

Ik denk dat er al een hele tijd niemand in het huis gezeten heeft, maar nu zit ik er. Het leek wel of de tuinmeubelen op me stonden te wachten. Het was niet moeilijk om het raam open te wrikken en me de kelderruimte in te laten zakken.

Het huis was bewoonbaar, maar stoffig. Op de keukentafel lag een set sleutels, en toen ik naar boven liep wist ik dat het huis tot het einde van de zomer mijn thuis kan zijn. Het was het geluid van de trap. Ik voelde me thuis en in mijn jaargetijdenboek schreef ik dat het zomer is geworden. Ik heb adressen van Spaanse hotels opgeschreven, ik heb geschreven over stations en bussen, ik heb namen opgeschreven van stadjes en straten en nu heb ik ook over mijn huis geschreven. Dat het geel is. Dat er 's ochtends op het plein markt is en dat ik alleen maar mijn voordeur uit hoef om naar de stad te gaan, dan is het vijf minuten lopen naar de overvloed van de zomer.

592

Dit is de eerste keer dat ik denk: Thomas heeft gelijk als hij zegt dat ik zelf een uitweg moet zoeken. Met jouw gevoel voor detail, zei hij. Ik weet niet of er een uitweg is, maar ik let op de details, lichaamsdelen, menselijke details. Een grote teen met een paar donkere haartjes, een voet in een sandaal. Ik kijk naar de vloer onder het belendende tafeltje in het café. Ik observeer een nek voor me in de trein naar een van de steden in de omgeving. Een hand, of eigenlijk twee handen werken samen om een van de boten in de haven aan te meren. De handen draaien rond in een ingewikkelde dans en dan is de boot aangemeerd. Ik kijk uit over de zee, het gaat door me heen of ik zal vragen of ik mee mag varen, maar kan je door achttien november heen varen? Dat weet ik niet, maar ik weet wel dat ik zomer heb gekregen. Misschien moet ik niet om meer vragen.

Ik loop de stad in en ga in een café zitten. Mijn gevoel voor detail leidt mijn blik naar een man met een krant voor zich. Hij zet zijn bril recht met een klein duwtje van zijn wijsvinger tussen de glazen. Dan kijkt hij op. Mijn gevoel voor detail ziet hem glimlachen, maar dan verdwijnt het weer, dat gevoel, en ik pak mijn boek uit mijn tas.

Ik steek mijn haar op en trek een zomerjurk met blote schouders aan. Mijn haar is lang geworden en op een ochtend ga ik de stad in om mijn haar te laten knippen. Ik voel me lichter als ik mijn haar op de grond onder de stoel zie vallen. Ik ben iets kwijtgeraakt, mijn haar en mijn hoop, denk ik. Het is haar dat Thomas heeft aangeraakt. Het valt op de vloer en wordt bij elkaar geveegd. Nu zit er alleen haar van achttien november op mijn hoofd.

 # 605

’s Avonds ga ik uit. Niet slechts één avond, maar eerst één, dan nog één, en een paar dagen later kom ik weer terug. Ik dans, ik praat niet zoveel, want de muziek staat hard. We spreken verschillende talen, maar het zijn eenvoudige zinnen die bijna verdrinken in de muziek. Ik zwaai een beetje met mijn haar en zeg dat ik mijn haar en mijn hoop kwijtgeraakt ben. We spreken Engels. *My hair and my hope*, zeg ik, en dan dans ik weer verder. De avond erna zeg ik het in het Duits en het Frans, maar dan doet die opmerking me niet zoveel meer. *Meine Haare und meine Hoffnung. Mes cheveux et mes espoirs.*

Ik dans met ruisende rokken en denk aan de tijd in Clairon. Ik denk dat ik weer een humeur heb gekregen. Ik denk *met vreugde* en *zonder hoop*. Ik drink cocktails met ijsblokjes, ik dans, ik proost met de nachtelijke gasten terwijl ik grote olijven en Baskische chilipepers eet. Ik dans met vrouwen, maar vooral met mannen. De ruimte zit vol details en niets ontgaat me.

Al die signalen, ik voel een schokje van bijna vergeten signalen die zich ontvouwen. Het zijn mijn armen en mijn gezicht. Het zijn de handen die maar rondjes blijven draaien in de resten van mijn haar. Ik trek mijn jurk recht, we lezen elkaar, bewegen ons naar elkaar toe en weer van elkaar af. Ik drink zure drankjes met een man die steels naar mijn hand kijkt en pas later realiseer ik me dat hij sporen van een ring zoekt. Hij heeft een vaag, licht streepje op zijn vinger en ik vraag of hij zijn ring in zijn zak heeft gestopt. Dat is zo. Hij laat hem zien en ik vertel dat Thomas en ik nooit een ring hebben gehad. We vonden die signalen niet nodig. Een overbodig detail, zeg ik. Hij is degene die me erop wijst dat we Baskische chilipepers eten. Hij heeft in Navarra gewoond en probeert me te leren in het Baskisch te zeggen dat ik mijn haar en mijn hoop kwijt ben, maar dat is te moeilijk, ik struikel over de details van de woorden, dus spreken we in plaats daarvan over pre-Indo-Europese talen, maar dat is pas later als we laat op de avond door het donker lopen. Ons gesprek beweegt zich in cirkels. Ik heb hem verteld van achttien november, maar ik hoor dat hij niet gelooft dat ik de waarheid spreek.

Laat in de nacht loop ik terug naar mijn huis. Ik draag schoenen die *klik* en *klak* zeggen in de nacht, *klik*, *klik* en *klak* zeggen ze. Ik aarzel, maar ik blijf niet staan. Ik weet dat als ik een nachtelijke bezoeker mee naar huis neem, ik Thomas' details zal zien. Ik laat mijn signalen voor wat ze zijn en ga in het donker van de nacht achter het huis zitten.

Mijn gevoel voor detail richt zich naar binnen op het beeld van Thomas en dan weer naar buiten. Naar de sterrenhemel, want ik heb de nachtelijke hemel ontdekt. Ik heb geen telescoop, maar het is een donkere nacht. Ik herken veel van de sterren, het zijn mijn vrienden van het grasveld in Clairon. Ik hoor de geluiden, een paar nachtelijke sporters lopen met regelmatige passen langs mijn hek, maar ik kan ze niet zien omdat de struiken rondom het terras de weg aan het oog onttrekken. Een kind huilt en een vrouw met een oude stem probeert het te troosten. Er lopen een man en een vrouw voorbij. Ze zijn verwikkeld in een gesprek. Dan komt er een groepje mensen langs en later twee vrouwen die beginnen te lachen.

Ik hoor alle zomertalen, ze vermengen zich met elkaar, ik hoor Spaans, Engels en Duits, en dan hoor ik Fins en even later een Aziatische taal, dan een Scandinavische, ik geloof dat het Noors is.

 # 631

Ik ga 's avonds niet meer uit. Ik hou het bij de hemel en de voorbijgangers. Ik hou het bij de geluiden van de zomer, bij de talen, bij de sterren in de nacht. Ik heb het plaatselijke observatorium bezocht en delen van een gigantische witgrijze maan gezien, veel te groot.

Ik luister naar de stemmen. Naar de woorden en de muziek. Overdag wandel ik door de stad, ik ga naar winkels en loop heen en weer over een strand vol stenen dicht bij mijn huis. Ik verzamel stukjes matglas in verschillende kleuren en leg ze in een doorzichtige bak in de vensterbank. Ik ben hier al zo lang dat ik veel van de zomergasten, winkeliers en cafémedewerkers in de stad ken, en ook al herkennen ze mij niet, het zorgt ervoor dat ik me thuis voel. Ik hou me vast aan de zomer en luister naar zomertalen. Ik pik er woorden uit die klinken naar zomer, ik schrijf ze op in mijn boekje, en als ik iemand *Weihnachtsgeschenke* hoor zeggen maak ik me uit de voeten. Ik denk oerzomer, zomeressence, zomerconcentraat, en terwijl ik terugloop naar mijn huis probeer ik *Wahljahreszeit* te zeggen, maar ik struikel over het woord, al probeer ik onder het lopen het ritme erin te houden.

 # 639

Ik maak me gereed om mijn zomer af te sluiten. Ik denk aan het najaar. Ik denk aan het huis in Clairon, aan de herfstregen, maar ik voel geen gemis. Ik mis de geluiden in huis niet, de regen op het dak, het water in de leidingen. Ik denk er niet aan om terug te gaan. Naar het gekraak van de deurgreep. Naar brieven en pakketten die op de grond in de gang vallen. Naar een kopje tegen een schoteltje. Naar rook die boven een schoorsteen kringelt. Naar vogels in bomen, handen tegen een muur, silhouetten in de regen bij een hek.

Ik mis Thomas' voetstappen op de trap, dat wil zeggen, ik mis zijn voetstappen op de zomertrap. Niet de novembertrap. Ik mis Thomas niet in achttien november, ik mis het huis in Clairon niet.

Ik heb een trap in mijn huis, hij kraakt als ik naar boven of beneden loop, maar dat is het enige. Als ik in mijn bed lig met het raam open naar de nacht is het stil in huis. Er kraakt niets en niemand neemt de trap naar boven.

649

Ik ben op weg naar nazomer. Heel rustig. Naar het noorden. In de metalige klik zat een sprankje triestheid toen ik de sleutel van de voordeur omdraaide, maar nu ben ik op weg. Ik heb de sleutel achter een stapeltje bakstenen in het schuurtje gelegd, want ik kom terug. Zo denk ik. Ik kom terug, want ik heb zomer geconstrueerd en het wordt opnieuw zomer en ik verstop mijn gekleurde zomerleugens en nu sluit ik deuren af en ga op weg naar nazomer en najaar. Naar november, naar echte novemberdagen, maar nu nog niet en ik schrijf het niet op in mijn jaargetijdenboek, want ik wil nazomer en koele avonden.

Ik ga naar nazomersteden en ik denk aan herfststraten. Ik heb Madrid in mijn jaargetijdenboek geschreven, ik ben verder gereisd naar het noorden, ik heb de overzichten van de meteoroloog bekeken en heb nazomerhuizen gevonden op de computer in mijn hotel, en nu voel ik de verandering, een ontwaken, een intense weemoed, de zomer is voorbij, ik loop met mijn jas over mijn arm, mijn voorjaarsjas is een nazomerjas geworden. Ik heb hem vandaag niet nodig, maar als er een wolk voor de zon komt kan ik hem aantrekken.

654

Het is een sidderen, een stille vorm van paniek. Ik zoek naar september. Ik ben op zoek naar plaatsen die voelen als september in Clairon, een mistige ochtend, een beetje kou in de lucht, dagen die zich ontdaan hebben van de zomerwarmte. Op straat zie je meer kleren, minder huid. Jassen en schoenen. Ik blijf liever binnen, ik voel een zekere rusteloosheid, maar er gebeurt niets. Gisteravond ben ik naar het theater geweest, maar het enige wat ik zag waren mensen gevangen in een ruimte, in een scène. Ze lopen rusteloos rond, maar ze kunnen geen uitweg vinden.

655

Het is hier stil. Het is ochtend en ik ben op een bankje bij een kanaal gaan zitten, maar er beweegt niets. Ik bestudeer het water, dat kalm en bruin is. Of er is bijna geen beweging. Het water stroomt zo langzaam dat je je blik op een blaadje op het wateroppervlak moet vestigen wil je de beweging kunnen zien, maar dan beweegt het blaadje, heel licht.

Mijn machine is vastgelopen. Ik denk september en daar ligt een blaadje op het water en alles dreigt helemaal tot stilstand te komen.

In mijn jaargetijdenboek heb ik geschreven over een zachte augustus en een vroege september. Ik heb Arcachon, Bordeaux en La Rochelle opgeschreven. Ik ben de Atlantische kust gevolgd en naar het noorden gegaan. Ik heb treintijden en hotels genoteerd, alles wat ik altijd al opschrijf, toch heb ik het gevoel dat mijn jaar helemaal tot stilstand is gekomen.

658

Ik ben geen reiziger. Af en toe verplaats ik me, maar dat is geen reizen. Ik beweeg me slechts een eindje naar het noorden. Ik probeer de smaak van september te vangen. Ik koop appels en peren. Ik koop druiven en bessen. Ik bestel herfstgerechten en trek mijn jas strakker om mijn lichaam.

Ik lees over winter, voorjaar en zomer in mijn jaargetijdenboek. Ik schrijf september terwijl ik denk aan witte winterleugens en alle kleuren, groene lenteleugens en diepblauwe zomerleugens van de nacht, oranje ochtendleugens in augustus, al die bruine, rode en grijze, maar mijn leugens worden steeds ijler nu, ze zijn lichtgrijs en wit en hebben zachte tinten, maar ze worden met de dag doorzichtiger. Ik voel de hele tijd november, maar ik schrijf september. In een museum bestudeer ik Romeins glas, gekleurd, mat. Het is zoals het is. Mijn leugens zijn een dun laagje glas geworden. Je kunt er doorheen kijken, het heeft een lichte schakering, een dun laagje verleden, slijtage, een beetje pigment, toch zie ik het maar al te goed: het glas zit vol met november.

 # 667

En toen vond ik ineens september. Onverwacht september. Buiten de statistieken om, want ineens herinnerde ik me mijn veel te warme novemberdag in Keulen. Ik was op weg naar winter en het weer op het plein voor het station was veel te warm, maar nu voel ik september, want de straten ademen septemberlucht.

Ik stapte uit de trein en liep naar het domplein waar de kerk hoog naast me oprees. De vorige keer dat ik hier was verlangde ik naar december en januari, en de temperatuur bracht me van mijn stuk, maar nu voel ik slechts een lichtheid in de lucht. Zeventien graden en een zacht briesje.

Op het plein waaide de zachte wind me tegemoet en ik liep de kerk binnen, ik keek naar de kleuren van de ramen in het gedempte licht en de zon brak even door zodat de hele ruimte oplichtte in een explosie van kleur, overal in de kerk waren kleuren, hoog en laag, op het plafond en op de muren en in de schaduwen op de vloer, tot de zon weer uitdoofde. Een kalm licht. September in kleuren.

671

Mijn onrust is weg en ik heb mijn draai gevonden in de septemberdag. Ik heb een hotel gevonden en loop door de stad. De zomer heeft zich teruggetrokken. Het najaar is gekomen, een mild suizen, een vriendelijke dag.

Ik voel me thuis als ik op een bankje ga zitten en de gele bladeren bekijk. Ik voel me thuis op straat en in de cafés. De dagen vliegen om. Ik laat me vermaken, ik ga naar de film, het theater en concerten. Een kalme nieuwsgierigheid trekt me musea en tentoonstellingen in. Ik schrijf alles op, een straat waarin de wind plotseling toeneemt, een tentoonstelling die me uren boeit en waar ik de volgende dag nog een keer heen ga, een knus hoekje in een café waar ik een boek zit te lezen. Het is een en al najaar, een licht en nieuwsgierig najaar. Het is een cirkel die sluit. Ik rek me uit. Ik ben in september aangekomen en ik moet verder naar oktober en als ik bij november ben kan ik van voren af aan beginnen, een jaar, een sjabloon, een open jaargetijdenmachine waar ik steeds opnieuw in kan plaatsnemen.

682

Ik was er wel bang voor geweest, maar had niet gedacht dat het zou gebeuren. Waarom weet ik niet. Ik bedoel, waarom was ik er niet op voorbereid? Ik had het toch kunnen bedenken. Dat het kon gebeuren. Diefstal. Een doodgewone tassendiefstal. Maar mijn tas is niet zo maar een tas. Mijn tas is alles. Alles wat ik bezit. Als die verdwijnt, verdwijn ik. Bijna. Maar hij is terug. Alles is terug. Bijna. Alles wat ik nodig heb is terug. Maar de schrik zit er nog in. Die is niet verdwenen ook al heb ik mijn tas terug. Dus nu heb ik de schrik en de tas en nu draag ik beide met me mee. Maar mijn jaargetijdenboek heb ik niet meer.

Ik ben in Düsseldorf in hetzelfde zachte najaarsweer aangekomen dat ik van Keulen ken. Ergens ten oosten van de stad ligt een hogedrukgebied. Ik heb het september genoemd, maar ik was op zoek naar oktober. Ik zocht een heldere hemel en iets meer kou, en in Düsseldorf zou ik een heldere hemel kunnen vinden, bleek toen ik in mijn hotel in Keulen op mijn computer in de database van de meteoroloog keek.

Eergisteren ben ik dus in Düsseldorf aangekomen. Op het station in Keulen viel me al op dat er meer passagiers waren dan de andere keren dat ik er was. Het was rond twee uur en ik stapte op de eerste de beste trein naar Düsseldorf, maar pas toen ik goed en wel zat besefte ik dat ik in een regionale trein was gestapt die bij elk station stopte om passagiers in te laten stappen. Niet gewoon passagiers, maar voetbalfans die op weg waren naar Düsseldorf. Niet dat ze onaangenaam waren trouwens, integendeel zelfs, ze waren eerder vriendelijk en toeschietelijk. Lichtelijk aangeschoten en proost roepend. Het was wat luidruchtig, jolig en een beetje beangstigend als je zelf geen voetbalfan maar gewoon een septemberreiziger bent die op weg is naar oktober.

Ik kreeg een blikje bier aangeboden dat ik met enige aarzeling aannam. Ik dacht septemberbier en septemberwedstrijden, maar volgens mij alleen om me niet van mijn stuk te laten brengen. Ik maak niet vaak feestjes mee in de trein en mijn eerdere reizen rond Keulen moet ik later op de middag gemaakt hebben, want ik kon me van andere achttien novembers geen voetbalsupporters, gefeest of bier herinneren.

Mijn medepassagiers waren op weg naar een wedstrijd tussen de thuisploeg van Düsseldorf en een elftal dat uit Keulen moest komen, en er waren voetbalfans van beide kampen. In volle verdraagzaamheid of misschien eerder verwachtingsvol en strijdlustig, ook al hoorden ze bij verschillende fracties en droegen ze sjaals in verschillende kleuren, rood en wit van het ene elftal en zwart en rood van het andere.

Het was kennelijk een belangrijke wedstrijd. Een promotie- of degradatiewedstrijd, maar niemand wist nog hoe die zou uitpakken. In de loop van een paar uur zou de zaak beslecht worden en sommige passagiers zouden op de hand van het winnende team zijn, andere op die van het verliezende. Het ene elftal zou promoveren naar een hogere divisie, of hoe dat ook heet, en het andere zou degraderen. Of het ene zou bovenaan blijven staan en het andere onderaan. Ik wist niet wat de consequenties van de wedstrijd precies waren, want het was me ontgaan dat deze kennelijk belangrijke wedstrijd op achttien november plaatsvond.

De trein was vol, passagiers probeerden hun evenwicht te bewaren in de gangen, enkele zaten op de grond bij de deuren en hier en daar lagen plasjes bier, plasjes gemeenschapszin, alsof het bier de verschillende fracties bij elkaar hield – ons bij elkaar hield. Dus ik proostte links en rechts en dronk het blikje bier leeg terwijl de trein steeds voller raakte, en ik overwoog of ik mijn plaats zou afstaan aan een van de onstabielere passagiers, maar toen waren we in Düsseldorf en op het station stroomden we uit de trein en werden we voortgestuwd over het perron en de trappen. In de hal stonden rijen agenten en pas hier vond ik het een beetje onaangenaam worden. Het was niet helemaal duidelijk of ze vijandigheden of feestelijkheden verwachtten en ik liep snel in de richting van het centrum terwijl de vele voetbalfans zich verspreidden of op zoek gingen naar middelen van transport die ze naar het stadion konden brengen waar de wedstrijd zou plaatsvinden.

Het was een zonnige middag in Düsseldorf. Misschien iets frisser dan in Keulen en minder bewolkt, en ik liep door de stad op zoek naar oktober en een vrije hotelkamer. Onder het lopen ervoer ik een lichte vreugde over het ongewisse van de situatie: dat er iets was wat ik niet wist over achttien november, dat er zich onverwacht kleine verrassingen zouden kunnen voordoen, dat er nog een beetje spanning over was. Ik voelde een plotselinge vreugde bij dit gebrek aan kennis, niet omdat ik dacht dat ik alles van achttien november wist, maar ik wist veel en ik kon van alles te weten komen als ik wilde, maar nu kon ik op geen enkele manier achter de uitslag van de wedstrijd komen. Ik had geen flauw idee, ik was een groentje in het voetbal van achttien november.

Even overwoog ik deel te nemen aan de spanning. Ik kon voor het eerst in mijn leven naar een voetbalwedstrijd gaan kijken, dacht ik, maar ik liet die gedachte snel weer varen toen bleek dat het niet zo makkelijk was om een hotel te vinden waar ik de nacht kon doorbrengen en dat was een probleem dat ik eerst moest oplossen. Ik informeerde bij de hotels het dichtst bij het station, maar pas het vijfde hotel had kamers vrij, een niet zo groot hotel op tien minuten lopen van het station waar niet al te veel voetbalfans logeerden.

’s Avonds volgde ik de wedstrijd op televisie in een bar vlak bij het hotel. De winnaar was de thuisploeg, die nu vast naar een hogere divisie kon, maar dat gebeurde pas na een verlenging, waarbij de spanning in de bar steeg maar mijn belangstelling juist begon af te nemen. Toen de wedstrijd voorbij was, was het enthousiasme in de bar groot, want alleen fans van de thuisploeg hadden de wedstrijd gekeken op het scherm in het café, maar toen we verschillende keren geproost hadden, werd ik slaperig van het bier en ik verliet de bar discreet en liep terug naar het hotel.

Gisteren werd ik met een lichte hoofdpijn wakker, ik viel weer in slaap en sliep de hele ochtend door, werd iets na de middag wakker, haalde een niet erg oktoberachtige sandwich in de buurt en halverwege de middag, toen de zon was doorgebroken, liep ik een rondje door de stad. Onder het lopen merkte ik dat het tijdstip waarop de wedstrijd zou beginnen dichterbij kwam, ik kon bijna voelen dat het stiller werd om me heen, er was minder verkeer en een groot deel van de inwoners van de stad was ongetwijfeld naar de voetbalwedstrijd gegaan of zat binnen. In sommige cafés en pizzeria’s waar ik langs kwam stonden tv’s aan en een paar fans met sjaals of T-shirts in de kleuren van de thuisclub zaten voor de schermen, maar verder was niet te zien voor welke club ze waren. Ik neem aan dat de meeste mensen die zich feestelijk uitgedost hadden naar het stadion waren gegaan om de wedstrijd live te zien.

Ik liep wat rond door de stad, daalde een stenen trap af naar de Rijn en wandelde verder langs de rivier. Er waren niet veel mensen. Hier en daar zat een stelletje of iemand alleen op de muur langs de kade, een jazz-orkest was aan het spelen op een restaurantboot en ik ging op een zwarte plastic stoel in de zon een biertje zitten drinken, terwijl enkele gasten naast me een late lunch nuttigden.

Ik had de smaak van bier te pakken en ik moest denken aan *Oktoberfest*. Of *Oktoberfest* mijn volgende feestdag zou zijn. Of dat het mijn laatste stop was voordat het weer november zou worden, en ik vroeg me af waar ik een feest zou kunnen vinden om aan mee te doen. Misschien een *Oktoberfest* voor mensen die elkaar niet al op voorhand kenden, want ik betwijfelde of ik zonder meer door de groep omarmd zou worden zoals dat was gebeurd in de trein met de voetbalfans.

Even later liep ik verder langs de rivier, ik keek naar de schepen, de bruggen en de uitgestrekte kade met zijn grijze stenen. Ik weet niet of ik niet goed oplette of dat het kwam doordat ik bier had gedronken in de zon of dat het gewoon een samenloop van omstandigheden was, maar plotseling kwam er een man aan fietsen, ik hoorde het rammelende geluid van een oude fiets waarvan de ketting verroest is of waarvan het wiel langs een van de spatborden schuurt, misschien kwam het door het geluid dat ik niet goed oplette, maar voordat ik het wist had hij mijn tas beet die ik over mijn schouder droeg en hem losgerukt, nogal bruut, en terwijl ik bijna viel slaagde hij erin mijn tas van mijn arm te trekken, behendig en zo snel dat ik geen tijd had om te reageren. Ik kon nog net zien dat hij de kleuren van de thuisploeg droeg, een sjaal en een muts die hij tot ver over zijn oren had getrokken. Hij had een donkerblauwe hoodie aan en een donkere trainingsbroek met een smalle witte streep, die ik goed kon zien toen hij – nog steeds met mijn tas in zijn hand – een eindje voor mij een pad insloeg dat van de kade naar de stad leidde.

Ik riep hem na en begon te rennen zodra ik mijn evenwicht had hervonden, maar hij was al weg voordat ik bij het pad was. Bij de weg aangekomen keek ik hijgend waar hij was gebleven, maar hij moest door rood zijn gereden – er was haast geen verkeer – en verdwenen zijn in een van de straatjes aan de overkant van de weg.

Ik was geschokt, ik was wanhopig en voelde me naakt zonder mijn tas. Ik had wel gedacht dat zoiets kon gebeuren, maar had het onwaarschijnlijk geacht. In de eerste plaats was het een oude tas waar niets van waarde in lijkt te zitten, in de tweede plaats zie ik er überhaupt niet uit als iemand die iets waardevols bij zich heeft. Voor de zekerheid heb ik altijd een extra creditcard bij me in mijn jaszak, maar grotere voorzorgsmaatregelen vond ik niet nodig, behalve dan dat ik mijn contante geld vaak op verschillende plekken bewaar. Mijn spullen en kleren neem ik mee in mijn tas of ik laat ze overdag achter in de hotelkamer, en het gebeurt maar zelden dat er in de loop van de dag iets verdwijnt. Ik heb altijd gedacht dat als mijn portemonnee of tas gestolen zou worden, ze zouden terugkeren naar de plaats waar ze gestolen waren en dat de diefstal verhoudingsgewijs gemakkelijk zou zijn op te lossen, want de dief zou steeds weer in de buurt van de plaats delict te vinden moeten zijn, elke dag weer, dus zelfs als ik bestolen zou worden, zou het probleem gemakkelijk op te lossen zijn.

Maar nu voelde ik me verloren zonder mijn tas. Ik zwierf rond over de kade en zocht het gebied rond de plaats delict af, al had ik zelf de dief met mijn tas zien verdwijnen. Ik ging de kant uit waarin de dief verdwenen was, ik doorzocht portieken en vuilnisbakken in de dichtstbijzijnde straten, maar de tas was nergens, en ten slotte zat er niets anders op dan terug te gaan naar mijn hotel. Voor de zekerheid ging ik terug naar het restaurant aan de kade om te vragen of iemand iets van de dief of mijn tas had gezien, maar er was niemand die mij verder kon helpen.

Ook op de terugweg naar het hotel vond ik geen spoor van de tas en het enige wat ik kon doen was afwachten of hij zou terugkeren. Het meest zinvol leek me de dag voorbij te laten gaan en later terug te keren naar de plaats delict.

Bij de receptie vertelde ik van de diefstal, en omdat er misschien een rekening van het hotel in mijn tas zat, vroeg ik het personeel op te letten of iemand misschien een tas of een portemonnee die op de mijne leek kwam afgeven. Ze zeiden dat ik naar de politie moest gaan om de diefstal te melden.

Vannacht heb ik niet goed geslapen. Eerst had ik moeite om in slaap te komen en toen ik eindelijk sliep werd ik telkens wakker, en elke keer doorzocht ik de kamer of mijn tas al was teruggekeerd. Maar de tas keerde niet terug. Hij stond niet naast mijn bed toen ik wakker werd na eindelijk een paar uur aaneengesloten te hebben geslapen en hij kwam niet terug in de loop van de ochtend. Hij was niet afgegeven bij de receptie en stond niet op me te wachten op straat of op een van de andere plekken waar ik nu ging kijken: bij de vuilnisbakken van het hotel, de garderoberuimte achter de receptie en de toiletten naast de ontbijtzaal.

Vanmorgen al maakte ik een eerste rondje door de buurt en toen het tijdspunt van de diefstal dichterbij kwam liep ik weer hetzelfde rondje. Telkens als ik een persoon met een sjaal of een pet van de thuisclub zag, of telkens als ik iemand met een trainingsbroek of een hoodie zag, liep ik er voorzichtig naartoe en keek ik nog eens goed, maar niemand leek op de fietsende dief en ik zag geen fietsen die van de dief zouden kunnen zijn. Ik liep meerdere cafés en pizzeria's af, maar nergens zag ik iemand die op mijn dief leek.

Later ging ik in het restaurant aan de kade zitten en dronk deze keer een kop koffie, maar er waren nog steeds geen mensen in de buurt die deden denken aan de dief, in feite waren er helemaal geen mensen met sjaals of trainingsbroeken en er was geen fietser te bekennen.

Op ongeveer dezelfde tijd als gisteren stond ik op en liep extra alert langs de kade, maar geen spoor van de dief. Ten slotte gaf ik het op en ging op een bankje zitten met uitzicht op de rivier. Er gebeurde niets en ik besloot dezelfde weg terug te nemen.

Dat was een goed besluit, want toen ik langs de tafeltjes van het restaurant kwam, zag ik plotseling mijn tas naast een tafeltje dat in een hoekje stond, niet ver van de plaats waar ik had gezeten. Hij stond tegen een bloempot aan, alsof ik hem zelf bij het weggaan had vergeten. Ik liep er snel heen, pakte de tas en vroeg opgewonden aan de ober die net met een lunchgerecht uit het restaurant kwam of hij iemand de tas had zien neerzetten. Ik probeerde uit te leggen dat hij gestolen was en vroeg of hij een fietser had gezien, maar dat was niet het geval, en een Japans stel dat zat te wachten op hun lunch wist ook niet veel meer dan dat ze iemand met een tas hadden gezien, maar ze dachten klaarblijkelijk dat ze mij met de tas hadden gezien. Wat ook klopte, want ik had hem net gepakt, maar ik geloof niet dat ze dat bedoelden.

Om de zaak niet nog ingewikkelder te maken bedankte ik ze allemaal snel en voordat iemand de tijd had het maar raar te vinden haastte ik me verder met de tas. Ik keek om me heen, maar er was niets ongewoons te zien, dus liep ik snel terug naar het hotel.

Zodra ik op mijn kamer was maakte ik de tas open, waarin gelukkig zowel mijn portemonnee met mijn creditcard als de meeste dingen zaten die ik niet in mijn hotelkamer had achtergelaten. Ik kieperde de inhoud op de vloer en er waren veel dingen waarvan ik was vergeten dat ze in de tas zaten, maar er was niets mee gebeurd. De Romeinse sestertie, mijn balpen van *Salon Lumières*, een zakje met acht snoepjes, een wollen sok waarvan ik de andere al een hele tijd niet meer had en die al sinds het voorjaar onder in mijn tas moet hebben gelegen, en wat oude mascara die ik niet meer gebruikte.

In een van de voorvakjes vond ik de memorystick die ik in Kopenhagen had gekocht, hij zat onder de kruimels en het stof. In een ander vak zat de zaklamp die ik in mijn moeders bezemkast had gevonden. Mijn pas zat er ook in, maar wat er aan contant geld in mijn portemonnee had gezeten, ongeveer duizend euro, was verdwenen. Bovendien was mijn jaargetijdenboek weg en dat gold ook voor het geld en de papieren die achter in het boek hadden gezeten.

Ik weet niet wat er gebeurd is. Een samenhangende verklaring zie ik niet zo gauw, maar ik stel me voor dat de dief het geld heeft gepakt en het jaargetijdenboek heeft gehouden, misschien omdat hij dacht dat er belangrijke informatie in stond. Ik denk dat het er vreemd moet hebben uitgezien met al die details over jaargetijden, al die adressen en bedrijven en treinverbindingen en uitgeprinte temperatuuroverzichten en wat niet al, en met zoveel contant geld zou je wel eens nieuwsgierig kunnen worden en kunnen denken dat er geld te verdienen viel met die geheimzinnige gegevens. Maar dat verklaart niet hoe de tas teruggekeerd was naar het restaurant. Een andere verklaring kan zijn dat het jaargetijdenboek simpelweg niet meer van belang is. De dief heeft het geld gestolen, de tas bij de bloempot op de grond gegooid en het jaargetijdenboek is gewoon in de loop van de nacht verdwenen.

Ik vind het merkwaardig, maar ik heb me neergelegd bij de gedachte dat het jaargetijdenboek en het geld geen speciale betekenis hebben. Alsof die niet bij me horen en gewoon kunnen verdwijnen. Maar het blijft de vraag waarom een boek vol aantekeningen van bijna een jaar minder geneigd zou zijn bij me te blijven dan een wintersok. Ik heb er geen antwoord op.

Opgelucht en een beetje van mijn stuk gebracht pakte ik de tas weer in. Het belangrijkste, dacht ik, was dat de tas terug was. Een verklaring voor het gedrag van de dingen kon wachten.

Even later drong het tot me door dat ook mijn sleutels ontbraken, die van het huis in Clairon en van kamer 16 van Hôtel du Lison. Een ogenblik maakte ik me zorgen om Thomas, maar hij staat niet vermeld in mijn jaargetijdenboek en nergens heb ik het adres van ons huis opgeschreven. Hôtel du Lison staat ook niet vermeld in het boek en er staat geen adres op de sleutel, dus het zal moeilijk zijn deuren te vinden waarop de sleutels passen. De map met mijn aantekeningen ligt naast me op tafel, samen met het notitieboekje met al mijn dagen en een paar boeken die ik uit mijn tas had gehaald voordat ik de stad in ging. Dat stelt me gerust, want zelfs al heb ik mijn groene in linnen gebonden boekje niet meer, alles wat ik nodig heb, heb ik nog wel.

Hoe dan ook moet ik er steeds aan denken en probeer ik een verklaring te vinden, want hoe kan de dief zijn buit houden en waar blijft die als hij hem weggooit. Hij heeft het contante geld gepakt, de sleutels en het jaargetijdenboek en de tas weggegooid bij het restaurant, of is die uit zichzelf teruggekeerd? En hoe kan mijn jaargetijdenboek verdwijnen? Is dat overbodig? Een voorwerp dat ik niet langer nodig heb? Ik weet het niet. Ik weet dat er om alles heen zones van onbepaaldheid zijn, dat het stoppen van de tijd niet eenvoudig is, dat het geen mechaniek is. Ik weet dat er dingen zijn die ik niet begrijp. Maar ik heb mijn tas terug. Zoveel begrijp ik. Het geld maakt niet uit, dat haal ik wel uit de muur. Misschien maakt het jaargetijdenboek ook niet uit. Mijn jaargetijden zijn weg, maar heb ik jaargetijden nodig?

Misschien verdwijnt wat ik niet nodig heb? Ik denk aan de verdwenen sleutels. Misschien baart het me zorgen. Maar ik kan niets doen. Misschien betekent het dat ik niet moet teruggaan. Ik weet het niet. Maar ik weet dat het herfst is en, als ik eerlijk ben, dat het november is. Het is geen september en het is geen oktober. Het is november. Achttien november. Een zachte dag in Düsseldorf, waar de thuisploeg en de uitploeg samen bier drinken, waar de uitploeg de wedstrijd aan het verliezen is en waar de thuisploeg rondfietst en tassen steelt. Misschien moet ik gewoon meehuilen met de wolven in het bos. Misschien moet ik gewoon leven in de wereld zoals die is en accepteren dat er nooit een *Oktoberfest* zal komen, dat er geen feestdagen meer komen, geen kerst, geen oudejaarsavond, dat ik nooit meer winter of lente meemaak, geen Pasen, geen zomer. Alleen maar november en november.

Overigens heb ik helemaal geen zin in feest. Of bier. Of bijeenkomsten waar ze bier drinken, proosten en elkaars tassen stelen.

701

Maar ik heb niets tegen november. Niet na ontsnapt te zijn uit mijn seizoenleugens. Niet zoals november er hier uitziet, warm voor de tijd van het jaar, met 's middags zon, een zachte wind. Er is niets mis met november en ik hoef de jaargetijden niet achterna te reizen. Ik ben niet reislustig en heb verder geen wensen. Ik denk alleen dat ik op weg ben uit mijn tweede jaar, of liever gezegd, dat ik rondzweef in een tijd waar er geen jaren zijn, want ik weet maar al te goed: ik heb geen jaargetijden gehad, en ik zoek geen locaties voor een film. Jaargetijden zijn geen decors of locaties en je kan geen jaar construeren op basis van fragmenten van november. Natuurlijk niet.

709

Ik heb nog wel een beetje hoop. Dat er een uitweg is uit mijn novemberdag. Dat het heeft geholpen jaargetijden te construeren. Dat ik dichter bij een echt jaar ben gekomen. Dat ik uit achttien november kan komen als ik opnieuw het eind van een jaar haal. Dat mijn leven in de jaargetijden mij kan helpen eruit te komen.

Ik weet niet waarom het zo moeilijk is om niet in jaren te denken en ik weet niet waarom ik deze microscopische hoop probeer vast te houden. Ik constateer dat de hoop soms voorbijkomt. Een zeldzame gast en niet altijd welkom. Ik heb geprobeerd een jaargetijdenmachine te bouwen. Ik heb geprobeerd het jaar weer aan de gang te krijgen. Heb ik dus niet gedaan wat ik kon om weer tot de tijd toegelaten te worden?

 # 721

Maar ik geloof er steeds maar kort in. Ik geloof niet dat je een jaar aan de gang kunt krijgen. Ik geloof niet dat ik verder kom naar nieuwe novemberdagen, dat ik mijn tempo kan verhogen en weg kan rennen over mijn novemberweg, zeventien, achttien, verder, negentien, twintig.

Ik geloof dat ik telkens weer op achttien november wakker zal worden. In een tijd zonder jaargetijden. Een tijd zonder weekdagen of maanden, zonder feestdagen of vakanties, zonder kalender of jaartallen. Het is chronisch en er is niets aan te doen. Ik loop over straat, ik ben in november, ik ben mijn jaargetijden kwijtgeraakt. Adieu jaargetijden. Hallo november.

 # 733

En nu is het jaar om. Een jaargetijdenjaar, denk ik, maar er waren geen jaargetijden. Het waren wrakstukken opgevist uit mijn stroom novemberdagen. Je kunt een jaar niet aan de gang krijgen, hoeveel je je ook verplaatst volgens de grafieken en berekeningen van de meteorologen en je kunt geen jaar construeren uit stukken november. Dat kan niet. Ik probeer om niet meer aan jaren te denken. Het is niet makkelijk, maar voortaan zal ik aan dagen denken. Zachte novemberdagen die zich herhalen, keer op keer. En het wordt ochtend en het wordt avond en het wordt nacht en het wordt weer ochtend. Dezelfde dag.

Twee jaar in achttien november. 733 dagen en morgen 734 en overmorgen 735. Hoelang nog? Tot ik doodga? Maar ik ben niet dood. Het is november. Ik ben in Düsseldorf. Waarom ben ik hier?

 # 738

Ik ben hier omdat er iets ten oosten van de stad een klein hogedrukgebied ligt. Het weer heeft me hier gebracht. Ik ben hier omdat het niet regent. Omdat het niet sneeuwt. Het is een novemberdag, maar het voelt niet als herfst. Het is gewoon een dag. Warm genoeg om niet naar zomer te verlangen. Zonder regen en zonder het winterse venijn. Er waait een zwoele wind door de straten en tegen drieën breekt de zon door, maar het is geen winterzon, het is geen iel voorjaarszonnetje of een blakerende zomerzon, het is gewoon zon.

Ik heb een plek gevonden die me niet doet denken aan Clairon-sous-Bois in regenweer of aan Thomas zonder paraplu. Een plek die me niet doet verlangen naar de winters in de tuin van de oude Selter met rijp en een dun laagje sneeuw. Die me niet door winkels laat dwalen op zoek naar tekenen van voorjaar. Ik heb een plek gevonden die me niet aan Thomas doet denken als hij met zijn zomerlichaam een krakende trap oploopt. Of af.

Ik zit in een hotelkamer in een dag zonder jaargetijden. De middag is aangenaam en ik zie hier en daar gele bladeren aan de bomen als ik op een bankje in een park ga zitten en omhoog kijk naar de kronen van de bomen. Het is een dag die niet getuigt van vervlogen zomers of komende winters. Mijn novemberdag is warm, eeuwig en van goud. Wat moet ik met jaargetijden als ik in een aangename en gouden eeuwigheid ben blijven steken. Een vriendelijke herhaling. Kun je meer verlangen?

 # 741

En nu heb ik een leeg appartement aan de Wiesenweg gevonden. Ooit was het in gebruik als tekenkamer, maar de architecten zijn verhuisd en nu is het verbouwd tot woning. In de ramen aan de straatkant zit matglas en je kunt niet naar binnen kijken. In de advertentie die met tape op een geblindeerd raam was geplakt stond dat het appartement ongemeubileerd was, maar de vorige huurder heeft een bed laten staan en in de keuken staan een tafel en twee stoelen. Veel meer heb ik niet nodig. Eén stoel was genoeg geweest, maar dat heb ik niet tegen de verhuurder gezegd.

Ik was al een paar keer langs het briefje op het raam gelopen voordat het tot me doordrong dat ik hier moest gaan wonen, niet in een kamer vol geluiden van een ander persoon, niet in een grijs huis met een enigszins bedompte lucht, niet in de hotels en huizen van de wisselende jaargetijden.

Nadat ik weer een telefoon had gekocht, belde ik het nummer dat onderaan de advertentie op het geblindeerde raam stond. Het bleek dat de eigenaar van het appartement zelf op de bovenste verdieping van het pand woonde en ik wist haar over te halen om me het appartement meteen te laten zien. Ze zei eerst dat ze het druk had, dat ze net de deur uit zou gaan, maar dat we later op de middag konden afspreken of de volgende ochtend. Ik drong aan en zei dat ik in de buurt was. Ik zou niet veel van haar tijd vragen, maar ik had per direct een appartement nodig. Ik kon binnen vijf minuten een waarborg betalen en er meteen intrekken. Die vijf minuten voegde ik eraan toe omdat het vreemd zou zijn om een bedrag op zak te hebben dat genoeg was om een appartement van te betalen dat je toevallig tegenkwam. Na een korte stilte stemde de eigenaar toe en vijf minuten later drukte ik op de bel van het appartement op de vierde etage.

Kort daarop hoorde ik de echo van voetstappen die de trap afdaalden en vervolgens werd de deur naar het trappenhuis opengedaan door de eigenaar van het pand, een oudere vrouw wier grijze haar beter bij de stem paste die ik door de telefoon had gehoord dan bij de energieke stappen op de trap die klonken als van een jonge en drukbezette vrouw die wel wat anders te doen had dan appartementen aan toevallige passanten verhuren.

Mijn nieuwe huisbaas ontving me vriendelijk, een beetje verbaasd, waarschijnlijk vanwege mijn voortvarendheid, maar ze liet me het appartement zien terwijl ik me voorstelde en een verhaal opdiste dat ik uit Brussel naar Düsseldorf was gekomen voor een sollicitatiegesprek en dat ik de baan kon krijgen als ik meteen kon beginnen. Ik wilde het appartement het liefst direct betrekken als dat mogelijk was en graag meteen de waarborg en de huur van de eerste maand betalen.

Uiteindelijk stemde ze toe alles onmiddellijk te regelen. We gingen naar de vierde verdieping waar ik de waarborgsom contant betaalde. Ik liet mijn paspoort zien en ze printte een contract uit dat ik meteen ondertekende. Twintig minuten na mijn komst was ik in het bezit van de sleutels van mijn nieuwe huis. Ik liep met mijn huisbaas de trap af en opende de deur van mijn appartement. Mijn huisbaas lachte vriendelijk, zwaaide en haastte zich weg op zoek naar haar auto, die ze de vorige avond een paar straten verderop had moeten parkeren wegens de drukte en nu wist ze niet meer zeker waar ze hem had neergezet.

Ik geloof dat ik me er al thuis voelde voordat zij haar auto had bereikt. Ik ben gewend geraakt aan deze bliksemacties. Ik ben eraan gewend geraakt dat niets tot morgen kan wachten, dat alles meteen moet gebeuren en dat tijdens de handvol afspraken die ik met andere mensen heb ik ze er altijd van moet overtuigen dat de dingen meteen moeten gebeuren, ik kan de dag erna niet terugkomen, het is hier en nu, want morgen is vandaag, maar dat zeg ik nooit.

Toen ik afscheid had genomen van mijn huisbaas zette ik mijn tas neer in mijn nieuwe appartement, keek om me heen en opende de deur naar de tuin, waar een mispelboom met rijpe vruchten staat. Een boom in oranje en bruine tinten. Het zijn herfstkleuren, maar daar denk ik niet aan, ik denk alleen mispel.

 # 754

Ik weet niet hoe je went aan een situatie als deze, maar dat is wat er gebeurt. Misschien kun je veel accepteren zolang je verschoond bent van de meeste dagelijkse zorgen. Als je niet in gevaar bent. Als het bestaan zonder dramatiek is, zonder armoede, ziekte en natuurrampen. Ik ben veilig, ik heb niets te vrezen, niets van al wat we geleerd hebben te vrezen: de catastrofes en ongelukken in de werkelijkheid, verlies, bedrog en misdaden.

Mijn catastrofes zijn klein en mijn ongelukken zijn van voorbijgaande aard: een kleine brandwond, een verstuikte voet en een auto-ongeluk afgewend door een remsysteem. De grootste misdaad die ik heb meegemaakt is een tassendiefstal door een voetbalfan op een rammelende fiets. Het enige wat ik ben verloren, afgezien van de beweging van de tijd, zijn een stapeltje euro's, een notitieboek met een olijfgroene linnen kaft en twee sleutelsetjes. Ik heb alles wat ik nodig heb. Ik lijd geen honger. Ik kan kopen wat ik wil. Ik kan terugkeren naar Thomas en in zijn patroon meegaan. Hij leeft nog. Ik weet zeker dat hij er nog is in zijn huis in Clairon. In zijn patroon. Ik heb niets verloren, ik ben niet bedrogen, afgewezen, verlaten. Er is niets gebeurd om te vrezen. Niets vreselijks.

 # 761

's Middags als de zon schijnt kan ik een van mijn stoelen in de tuin zetten en in de zon gaan zitten. Er is niet veel dat me aan mijn leven in Clairon-sous-Bois doet denken en er is niet veel dat me herinnert aan mijn pogingen om jaargetijden te construeren. Ik hoef niet elke stap te modelleren naar een persoon in een huis en ik hoef me niet in een ander ritme te bewegen dan dat van mezelf. Het enige wat ik moet doen is onzichtbaar zijn als mijn huisbaas de deur uitgaat of thuiskomt, want ze is allang vergeten dat ik hier ben. De eerste keer dat ze naar buiten gaat is in de ochtend en ze komt drie uur later terug. De tweede keer dat ze weggaat is in de middag terwijl ik in de tuin zit, maar ze is alweer iets na vijven terug in haar appartement op de vierde verdieping. Haar man vertrekt vroeg in de ochtend en komt iets voor zes uur thuis. Als ze thuis zijn kan ik het licht aandoen wanneer ik wil, want vanuit hun appartement op de vierde verdieping kunnen ze niet zien dat mijn ramen verlicht zijn. De andere appartementen in het trappenhuis zijn verhuurd, maar de huurders zijn het grootste deel van de dag weg en ik hoor ze nauwelijks. Af en toe hoor ik voetstappen op de trap, maar meestal hoor ik alleen auto's en trams die langsrijden. Volgens mij wordt het geluid op straat minder terwijl de voetbalwedstrijd bezig is, want ik hoor een zacht gefluister in de bladeren van de mispel dat ik in de ochtend niet hoor, maar het kan ook komen doordat het iets harder is gaan waaien. 's Nachts wordt het geluid duidelijker, niet omdat de wind toeneemt maar omdat de geluiden op straat afnemen. Er rijden geen trams meer, bijna geen auto's, en het geluid van de boom is geen gefluister meer maar een zacht ritselen van gele, bijna dorre bladeren. Als ik 's nachts de tuin in loop, krijgt het geluid meer nuances, er ontstaat een wirwar van geluiden. Bladeren tegen takken, bladeren tegen bladeren, een mispel die op de grond valt. Hij landt met een doffe bons en rolt een stukje over de grond tot hij blijft liggen. Het klinkt alsof de wereld *danke* zegt als de boom zijn vrucht verliest.

 # 763

Ik heb onlangs in de winkels tekenen van kerst gezien. Ze waren er natuurlijk al die tijd al, maar ik was op zoek naar januari, februari en maart, ik was op zoek naar Pasen, voorjaar, zomer, augustus en september en ik heb alle kleine tekenen van kerst over het hoofd gezien, maar nu begint kerst zich te manifesteren. Ik denk aan Thomas, aan mijn ouders, aan mijn zus. Ik denk aan cadeaus, maar er hoeven geen cadeaus gekocht te worden en de tijd voor bûche de Noël of plumpudding komt niet. De tijd voor kalkoen of roast potatoes komt niet. De tijd om duetten te zingen met het vrolijke huilen van de koelkast komt niet. Er komen geen maanden, jaargetijden en feestdagen. Wat komt is november, en ik wil november, en zelfs al zou ik een jaar willen dat zou gaan lopen, dan zou ik de weg niet weten, want ik ben mijn handleiding kwijt. Bedankt, fietsendief.

775

Het werd natuurlijk geen kerst en het is ook geen oudjaar geworden, en hoewel ik mijn dagen heb geteld, koop ik geen champagne en ga ik niet op zoek naar sneeuw die in mijn straten kan vallen. Mijn nieuwjaarsochtend met wit licht en uitzicht op besneeuwde daken voelt oneindig ver weg. Mijn jaar voelt als een reis die ik allang achter me heb gelaten.

Hier is alleen een neutrale en vriendelijke novemberdag, want mijn tijd is geen cirkel en hij is geen lijn, hij is geen wiel en geen rivier. Hij is een ruimte, een kamer, een zwembad, een kuip, een bassin, een vat. Hij is een tuin met een mispel en najaarszon. Koffie en zon op een dag in november. *Danke.*

793

Als ik in mijn tuin zit voel ik dat de tijd een vat is. Zo is het. Het is een dag waar je in kunt afdalen. Telkens opnieuw. Het is geen stroom waar je je maar één keer in kunt onderdompelen. De tijd loopt niet, hij staat stil, hij is een vat. Elke dag laat ik mijn lichaam in achttien november zakken. Ik beweeg, maar er stroomt niets over de rand. De tijd is een ruimte. De tijd is een kamer. De tijd is mijn tuin met namiddagzon, met het geluid van auto's, met trams in de verte. Mijn dag is een vat met elke dag rond drie uur een briesje en zon. De nacht is een vat met een mispel die ritselt in de wind en de nacht zegt *danke* als de vruchten vallen.

844

Ik heb een ritme gevonden. Mijn ochtenden beginnen in Café Möller. Ik loop een paar meter de Wiesenweg af, dan sla ik rechtsaf en daar is het café meteen om de hoek. Mijn ochtenden lijken op elkaar. Ik loop een paar traptreden op en doe de deur open. Ik hoor een licht ratelend geluid van een bel. Ik loop naar binnen en ga aan een tafeltje zitten, altijd hetzelfde, een tafeltje bij het raam met uitzicht op de straat. Ik kom tussen 8.39 en 9.12, want als ik iets eerder of later kom is de tafel bezet. Dan loop ik iets verder de zaak in, maar normaal gesproken ben ik hier op tijd. Ik bestel thee, en de thee zit in grote metalen blikken achter de bar. Ik zie acht grote blikken, ik varieer in mijn keuze en hoop dat ik de voorraad niet opmaak. Soms bestel ik een broodje kaas of yoghurt met fruit. Vaak eet ik niets, maar drink ik gewoon mijn thee bij het raam.

Mijn middagen lijken net zoveel op elkaar als mijn ochtenden. Rond drie uur zet ik een stoel in de tuin. Ik zet een kop koffie, pak een boek en ga in de zon zitten. Het is warm genoeg om daar een uur of twee te zitten.

Alleen de ochtenden bevallen me niet. Ik word onrustig, zit mezelf in de weg. Ik denk aan de geluiden in het huis in Clairon-sous-Bois. Ik wandel door het park een paar straten verderop, ik koop iets of ga naar een bibliotheek in de buurt, maar ik kom pas tot rust als de middagzon doorbreekt en ik mijn stoel in de tuin zet.

Mijn avonden zijn kort. Ik kook wat of steek de straat over naar een Grieks restaurant, waar ik in een hoekje ga zitten en waar mensen zijn die niets anders doen dan iedere avond dezelfde te zijn. Ik ben aan ze gewend geraakt: een oudere man die na even wachten gezelschap krijgt van een vrouw, waarschijnlijk zijn echtgenote, een groep volwassenen met een kind in een witte bloes dat probeert te spreken als een volwassene, en twee mannen van ongeveer mijn leeftijd die elkaar verliefd aankijken.

Soms ga ik naar tweedehandswinkels waar ik handige spulletjes koop die ik bij me hou in mijn tas. 's Nachts zet ik de tas op het voeteneinde van mijn bed, en normaal gesproken duurt het een paar nachten voordat de dingen van mij zijn en ik ze kan wegleggen in de keuken: messen en vorken, een dunschiller, een koffiemolen die ik drie keer moest kopen voordat hij op zijn plaats bleef. Ik heb een leunstoel aangeschaft die ik in de lege kamer heb gezet en waar ik een paar nachten achter elkaar in heb geslapen, maar ik heb niet veel nodig en binnenkort heb ik alles waar ik behoefte aan heb.

Vaak ga ik de stad in kort voordat de winkels sluiten. Ik ga naar zaken en delicatessenafdelingen met etenswaren die aan het eind van de dag moeten worden weggegooid, bakkerswinkels met brood dat morgen niet verkocht kan worden. Als de tijd een vat is, kan die geleegd worden, en als ik niet voorzichtig ben zal ik over niet al te lange tijd de sporen zien die ik achterlaat in de stad, dingen die op zijn, lege schappen, een monster op rooftocht, een ondier aan het werk, een bloedspoor van een roofdier.

Ik wil geen monster zijn. Ik balanceer, ik loop voorzichtig door de wereld, ik maak mijn sporen zo klein mogelijk. Ik probeer zonder al te zware passen door de dagen te lopen. Een lichte tred. Een monster dat doet of het een vlinder is.

Maar ik weet dat mijn ochtenden hier in Café Möller op den duur hun sporen zullen nalaten en dat mijn bezoekjes aan het restaurant aan de Wiesenweg vroeg of laat moeten stoppen. Toch ga ik er steeds weer naartoe, want ik voel me er thuis. Ik kies andere drankjes, ik kies nieuwe dingen van de menukaart, ik varieer en hoop dat de keuken goed voorzien is. Ik kijk naar de mensen buiten op straat voor het raam, ik kijk naar de gasten en bedenk wat ik zou doen als die jongen in de witte bloes mijn zoon was, als ik verliefd was, als die grijze man mijn man was met wie ik had afgesproken, en ik denk onder vrienden te zijn. Een soort vrienden, ook al ontbreekt het gevoel van saamhorigheid dat ik ervoer bij de voetbalfans en plassen bier.

 # 862

Ik probeer het te verbergen, maar ik weet het maar al te goed. Ik ben een monster en ik eet mijn wereld op. Er is geen reden om dat te ontkennen. Ik kan restjes eten, ik kan met een hongerige maag de dag doorkomen, ik kan van plaats naar plaats gaan om zo weinig mogelijk sporen achter te laten, ik kan mijn boodschappen spreiden, ik kan de volste blikken met thee in Café Möller kiezen, maar dat is allemaal een poging om de waarheid te verhullen, het monster kleiner te maken. Ik weet het. Op een bepaald moment is het voorbij. Lege blikken, lege pannen. Daar kun je niet omheen. Ik ben een heel klein monster in een gouden kooi. Een kooi met de herfstkleuren van het park, met de goudbruine bladeren van de mispel, de gouden schil van de vruchten, ik koop sinaasappels vlak voor ze gaan schimmelen, ik sta kort voor sluitingstijd in de winkels, en op pakjes met broodbeleg of vlees in sinaasappelmarinade staat achttien november, dat is de datum waar ik naar op zoek ben, ik eet wat ik kan vinden, alles wat anders afval wordt, en ik ga naar huis met mijn boodschappen en het wordt avond en het wordt weer ochtend, dezelfde gouden dag.

877

Helpt het misschien dat ik het beaam als ik de nacht *danke* hoor zeggen? Als mijn raam openstaat naar de tuin en ik een mispel hoor vallen? Ik besef dat ik geluk heb, want ik had getroffen kunnen zijn door rampen en tragedies, ziektes en ontberingen. Ik lig in het donker van de ochtend en denk *danke*, en als ik niet meer kan slapen, sta ik op.

Ik weet het best. Ik sta op in mijn gouden kooi en pal voor mijn ogen ligt een wereld vol onrust, een zwart vierkant. Ik weet het, want mijn wereld is verguld en ik open mijn deurtje en vlieg uit. Nee, ik vlieg nergens heen, ik zit gevangen, ik draag mijn gouden kooi met me mee, maar ik ben niet blind. Ik zie heus wel dat er een andere wereld om me heen bestaat en dat mijn dag die is stil blijven staan maar een klein ongelukje is waar een monster in een gouden kooi door getroffen is.

Helpt het als ik een beetje goud om me heen strooi? Er zit een man voor de supermarkt, ik geef hem een munt of een bankbiljet. Ik ga een winkel binnen en koop een tas met eten voor een gezinnetje dat op het plein voor het station zit. Er zitten koekjes en sandwiches in de tas, en de volgende dag zitten ze er weer met hun bord, een smeekbede om hulp. Vandaag gaf ik ze een bankbiljet en morgen zijn ze er weer, en dan koop ik sandwiches voor ze op het station en loop ik naar huis en ga ik in de zon zitten en dan word ik weer wakker, een monster in een wereld van oranje en geel.

Bij een steiger staat een vrouw, ze is in de war. Ze weet niet waar ze is, ze staat daar met de zon in haar gezicht en weet niet hoe ze verder moet. Ze heeft wit glanzend haar en houdt zich vast aan een metalen stang van de steiger. Ik geef haar een arm en trek haar bij de steiger vandaan, ik zet haar op een stoel in het dichtstbijzijnde café, bestel een glas jus d'orange en even later herinnert ze zich de naam van het verzorgingshuis waar ze net vandaan is gekomen. Ik breng haar naar huis en de volgende dag staat ze er weer. Ik loop achter haar aan. Ze kijkt verward om zich heen, ze begint te lopen, ik loop haar achterna, ze loopt naar het verzorgingshuis, ze loopt de goede kant uit, ik houd afstand, ze is bijna thuis en dan blijf ik staan en laat haar gaan. Ik zie haar kleiner worden, ze kan zelf de weg vinden, ze heeft me niet nodig, misschien is ze al verdergegaan, uit de achttiende naar de negentiende. Misschien ben ík verdwaald, misschien zijn zij allemaal op weg naar de toekomst, de negentiende, de twintigste, misschien zijn zij doorgelopen en hebben ze mij met hun schaduwen achtergelaten en sta ik hier in mijn eentje te kijken hoe ze kleiner en kleiner worden, de man voor de supermarkt, het gezinnetje voor het station, mijn drukbezette huisbaas, de stroom voetbalfans, misschien zijn ze allemaal al een heel stuk verder en sta ik hier tussen geesten, omhulsels van de herhaling, afdrukken van een dag die allang voorbij is, en ik loop hier en denk dat ik kan helpen, dat mijn kooi van goud is, dat ik een helpende hand kan uitsteken.

Ik denk aan Thomas in ons huis, aan de rij preien die nooit korter wordt. Misschien is hij zonder mij verdergegaan, dag na dag, 877 dagen. Mijn ouders in hun huis, de kweepeerstruik in de tuin. De kweeperen zijn allang geraapt en de struik is doorgegroeid, die heeft de winter en de lente met rode bloemen en gele vruchten en nog een winter doorstaan.

Zijn ze van me weggelopen? Ik weet het niet, maar zo voelt het niet: als een leven tussen schaduwen. Ik laat de gedachte varen. De tijd is gewoon stil blijven staan. Ik zit in de tuin in de zon, zo meteen schuift de zon achter de kerktoren, het zonlicht verdwijnt, het wordt hier kil en ik ga naar binnen.

889

Eergisteren, op een van mijn rusteloze ochtenden, ben ik een paar uur zoet geweest met het uitmesten van mijn jaszakken en mijn tas. Zo klein zijn mijn dagelijkse taakjes geworden. Mijn cirkels zijn begrensd, mijn handelingen microscopisch klein.

In mijn tas zaten bonnetjes en spullen voor het huishouden die ik me aan het toe-eigenen ben. Het is een gewoonte geworden, ik laat dingen in mijn tas zitten en die tas heb ik altijd bij me. 's Nachts staat hij op het voeteneinde van mijn bed, tegen de muur, en als ik af en toe eens opruim ontdek ik wat ik allemaal nog heb. Niet alles blijft bij me, sommige dingen verdwijnen in de loop der tijd, toevallige aankopen die plotseling weg zijn. Als het dingen zijn waarvan ik vind dat ik niet zonder kan, koop ik ze vaak opnieuw, maar sommige spullen gaan gewoon terug naar waar ze vandaan kwamen. Het is een losse wereld en ik ben eraan gewend geraakt.

Er zaten herinneringsbriefjes en bonnetjes in die ik op een stapeltje op de keukentafel legde voordat ik ze in de prullenmand gooide. Ik haalde er ondergoed en sokken uit die onder in de tas lagen en die ik naar de slaapkamer bracht en op het bed legde. Een groentemesje en een schaar heb ik samen met een theezeefje dat in een zijvak zat in de keukenla gelegd, en twee verfrommelde suikerzakjes uit een café heb ik in een gebarsten kopje op het aanrecht gelegd.

Ik heb mijn jaszakken doorzocht en een balpen gevonden en de Romeinse sestertie, die ik in mijn zak moet hebben gestopt toen ik mijn tas terugkreeg, maar die ik bijna was vergeten. De sestertie legde ik in het kopje op het aanrecht bij de verfrommelde suikerzakjes en daar lag die terwijl ik de laatste spullen opruimde en me opmaakte voor een korte wandeling door de stad.

Toen ik even later de keuken in kwam was ik de hele munt alweer vergeten, en toen ik hem zag maakte hij een misplaatste indruk zoals hij daar lag in een gebarsten kopje met een paar suikerzakjes, die ik alleen maar had meegenomen omdat ze anders weggegooid zouden worden.

Ik pakte de munt uit het kopje en draaide die wat heen en weer tussen mijn vingers. Ik zag het portret van Antoninus Pius en liet mijn vinger even over het reliëf in het metaal gaan. Ik draaide de munt om en bekeek Annona met haar graanmaat en haar korenaren. Ik voelde aan de oneffen kant, woog de munt in mijn handpalm, liet hem op het aanrecht vallen en pakte hem weer op: een stukje verleden, een overblijfsel van mijn opruimwoede waar geen plek meer voor was in mijn wereld.

Ik keek om me heen in de keuken, maar wist niet goed waar ik de munt moest laten. Ik legde hem terug in het kopje en schoof dat wat dichter naar de gootsteen. Ik voelde een aandrang om me ervan te ontdoen, hem weg te gooien. Hij deed er niet meer toe, dacht ik. Hij had al vanaf mijn eerste achttien november deel uitgemaakt van mijn bestaan, hij had op de toonbank gestaan in de winkel van Philip Maurel, hij was mijn cadeautje voor Thomas geweest, een liefdescadeau, een voorwerp dat nooit deel was gaan uitmaken van zijn verzameling, en ook toen hij zoek was, in de tijd in Clairon, was de gedachte eraan in mijn hoofd blijven rondspoken als een onzekerheid, een onopgehelderde vraag in het mysterie van het defect in de tijd. Toen ik hem terugvond bij Philip en Marie werd hij een afscheidscadeau, een rekwisiet bij hun terugtrekkende beweging, een plotselinge afwijzing, het verbreken van een vriendschap. Maar nu had hij zijn betekenis verloren. Een willekeurige Romeinse munt, vergeten in een jaszak en weer teruggevonden, een voorwerp dat ik had meegebracht en dat nu in een kopje op een aanrecht bijna in de weg lag, onplaceerbaar.

Het was overduidelijk geen gewone munt. Het was een historisch object, dat sprak vanzelf, een embleem uit het verleden, een boodschapper door de eeuwen heen, een metalen getuige van voorbije tijden, of wat dan ook. Meer niet. Interessant, misschien, met zijn reliëfs en symbolen, maar niet van enig belang. Niet meer. Iets voor munthandelaren en mensen met gevoel voor de oudheid.

En in elk geval geen munt die je liet liggen in een kopje bij de gootsteen, dacht ik toen ik wat later de sestertie uit het kopje wipte en in een leeg vakje in mijn portemonnee stopte. Het kopje met de suikerzakjes schoof ik terug naar de gootsteen, waarna ik de portemonnee in mijn tas stopte, een paar korte laarsjes aantrok en mijn tas van de keukenvloer opraapte.

Maar nu voelde ik me opgelaten bij het idee dat ik met de sestertie in mijn portemonnee rond zou lopen. Hij paste niet bij de gewone munten in de portemonnee en ik haalde hem er weer uit en legde hem terug op het aanrecht, waar hij een wonderlijke metamorfose onderging die ik niet helemaal kan verklaren. Of wie onderging er nu eigenlijk een metamorfose, want de sestertie veranderde natuurlijk niet toen hij daar op het aanrecht lag, maar zo voelde het wel.

Ik aarzelde. Ik liep terug naar de slaapkamer, verschoof wat stapeltjes kleren op het bed en legde een van de stapeltjes op een plank die ik in de slaapkamer had bevestigd, maar toen ik even later terugging naar de keuken, voelde ik dat de munt steeds nadrukkelijker mijn aandacht trok. Een munt die iets van me wil, dacht ik, ook al willen munten doorgaans niets van mensen.

Ik vond het een beetje idioot, maar op het moment dat die idiotie begon, voelde ik iets anders. Niet alleen dat de sestertie betekenis kreeg. Dat was óók zo. Maar ik voelde op hetzelfde moment een leegte ontstaan, een verlies, een verplaatsing, een verschuiving. Het was alsof er zich een ruimte opende, heel rustig, geen grote ruimte, althans zo voelde het niet, maar ik kon die niet meer afsluiten. Mijn aandacht op iets anders richten hielp niet. De sestertie had een gevoel van twijfel, van een gebrek, van onwetendheid veroorzaakt, ik weet het niet, ik weet alleen dat ik me leeg voelde, alleen en onvolmaakt alsof de sestertie die voor me lag zich vulde met betekenis, terwijl in mij de leegte groeide. Bijna alsof een deel van mij op een vreemde manier overgegaan was in de munt, in een oud stuk metaal, en een open ruimte had achtergelaten.

De dag lag voor me. Ik had geen plannen. Ik had tijd om over mijn sestertie na te denken, over zijn verandering, over mijn behoefte om hem betekenis te geven en het vreemde gevoel van lege ruimte die zich opende. Ik had tijd om stil te staan en mijn speculaties idioot te vinden, en ik kon gaan zitten nadenken over mijn poging om betekenis toe te kennen aan deze metalen onverschilligheid, mijn projectie van weet-ik-wat op een stukje metaal.

En dat was wat ik deed. Ik ging zitten. Dacht na. Bedacht verklaringen. Verbaasde me over dit vreemde mechanisme. Dat dingen betekenis krijgen. Niet dat daar iets eigenaardigs aan is. Of natuurlijk is er iets eigenaardigs aan, het is waarschijnlijk een van de wonderlijkste trekjes van de mens als je er goed over nadenkt, maar het is een van de eigenaardigheden die we zonder meer accepteren, deze behoefte om betekenis te geven aan de eenvoudigste voorwerpen: trouwringen en sieraden, geluksmunten en amuletten, magische stenen, relikwieën en heilige voorwerpen.

Ik peinsde over wat het eigenlijk is dat we in de dingen leggen. Wat gebeurt er precies? Geluksmunten worden opgeraapt van straat, ringen worden omgedaan, kistjes met relikwieën gedragen. We vullen ze met betekenis, we overgieten ze met een of ander edelmetaal dat we ergens uit onze geest gehaald hebben en dan staan de dingen daar. Betekenisvol. En dan staan wij daar, verlicht door hun betekenis.

Maar er was ook nog iets anders, dacht ik, toen ik me weer over de munt boog en me verbaasde over de vreemde, zinderende leegte die ontstaan was. De munt op tafel had niets verguldS of edels over zich. Hij had iets oneffens en donkers dat ik niet helemaal begreep. Maar het was duidelijk dat er iets in beweging was gekomen terwijl ik in de keuken stond, de munt had een motor gestart, iets in gang gezet en ik moest mee of ik wilde of niet. Het was niet gewoon een munt die ineens betekenis had gekregen en het was niet alleen nieuwsgierigheid of een plotselinge interesse waardoor ik steeds terugging terwijl ik door het appartement liep, klaar om naar buiten te gaan maar zonder mijn gedachten te kunnen losrukken van dat stukje metaal op de keukentafel. Er was meer, of althans, dat dacht ik.

Toen ik eindelijk het appartement verliet en de sestertie op de keukentafel achterliet, was het al in de middag. Ik was onrustig. Ik liep over de Wiesenweg en vandaar naar de rivier, ik wandelde langs het water en dacht aan de Romeinen en hun munten, aan de Rijn die de noordgrens had gevormd van het Romeinse Rijk, en ik voelde ineens dat ik ze kende, de Romeinen. Dat ze al sinds lang bij me waren. Ik weet niet of ik hen gevolgd had of juist omgekeerd, maar het voelde als een oude vriendschap die ik me door de munt op mijn keukentafel ineens herinnerde.

Stukjes kennis kwamen boven onder het lopen. Boeken die ik gelezen had, een schoolopdracht uit mijn tienerjaren, een paar van de bijschriften van Philip Maurel bij de munten in zijn vitrinekasten. Ik herinnerde me schetsen van Romeinse gebouwen in een boek dat ik had ingekocht voor T. & T. Selter en ik moest denken aan al die informatie die ik verzameld had op mijn weg door de jaargetijden, flarden van een Europees verleden, ruines die ik gezien had op mijn reizen. Ik herinnerde me musea die ik bezocht had op mijn najaarsdagen, terwijl ik in ledigheid rondliep. Ik had vloermozaïeken en zuilen gezien, beelden en gereedschappen, kruiken voor dagelijks gebruik en olielampen voor de nacht, restanten van gewaden en sieraden, schalen en gekleurd glas, en ik had alles bekeken met een lichte en nieuwsgierige apathie, die nu verdwenen was en plaatsgemaakt had voor een vreemde en zinderende leegte, een dorst naar kennis die mij voortstuwde langs de rivier, terwijl ik probeerde te ontdekken waarom het me nu ineens wel interesseerde, de geschiedenis. De geschiedenis van de munt. Van de Romeinen.

Een gevoel van onbehagen bekroop me, een beetje zoals kiespijn of een lichte duizeligheid, en ik ging op een stenen muurtje zitten en keek uit over de rivier. Ik verbaasde me. Ik besefte dat ik nooit geïnteresseerd was geweest in geschiedenis. Maar als iemand mij vroeger had gevraagd of ik geïnteresseerd was in geschiedenis dan zou ik zeker bevestigend geantwoord hebben. Ik zou gevonden hebben dat je wel een bepaalde belangstelling voor geschiedenis moet hebben als je antiquarische boeken verkoopt, en aan belangstelling voor de Romeinen valt niet te ontkomen met vrienden als Philip Maurel. Maar dat zou niet waar zijn geweest. Mijn interesse voor voorwerpen uit het verleden is altijd iets anders geweest.

Ik dacht aan de munt die ik op het aanrecht had laten liggen en die hier nu naast me ligt en ik dacht aan de boeken die ik achtergelaten had in Hôtel du Lison toen ik me op straat liet meevoeren met de mensenstroom. Ik dacht aan al die boekenveilingen, aan mijn struinen langs de boekenkasten in antiquariaten en aan de munten in de chronologische vitrines van Philip, en het werd me duidelijk dat ik nooit speciaal geboeid was geweest door hun geschiedenis. Het waren de dingen zelf. Het ging me om hoe het papier voelde en om het reliëf in het oppervlak, de typografieën van de titelpagina's, de balans tussen rood en zwart. Een scheefheid in de rij letters, de onregelmatige druk van zetletters die in de loop der jaren waren versleten. De verzadiging van de kleuren, de intensiteit van de druk. De lijnen van de illustraties, een detail in de gravure, het contrast tussen een kleurveld en het maagdelijke papier. Het ging me om de geur en de geluiden. De verscheidenheid: de langzame geluiden bij het omslaan van stevige bladzijden, een gefluister van dun papier, een vergulde rand en een kleine weerstand als die langs je vinger schiet, de kleine draaiing van je hand als je duim omlaagglijdt over de hoek van het boekblok. Het ging me om hoe de ingebonden boeken voelden, een rafelig hoekje, een scherpe rand. Mijn omgang met boeken heeft altijd bestaan uit kijken en voelen en daardoor bleef ik soms ook stilstaan bij een kast in Philips winkel om een munt in mijn hand te nemen. Het metaal en het gewicht ervan in mijn handpalm. Het reliëf en het onregelmatige patroon van de rand. De portretten van keizers en keizerinnen, goden en godinnen. De kleine attributen op de achterkant: korenaren en vuurtorens, weegschalen en uilen, dolken en zwaarden.

Wat me aantrok was niet de geschiedenis van de dingen, maar alles wat uit de geschiedenis was voortgekomen. De dingen van de geschiedenis. In mijn wereld was de geschiedenis nooit iets anders geweest dan de tijd die de dingen had voortgebracht. Misschien een tijdlijn die het mogelijk maakte om de dingen overzichtelijk op een rijtje te zetten, maar meer ook niet. De wens meer inzicht te krijgen in de verschillende historische contexten is nooit mijn drijfveer geweest, ik had er geen behoefte aan om verklaringen te zoeken voor de merkwaardigheden van een periode of informatie te verzamelen over het dagelijks leven van de mensen, ik was niet geïnteresseerd in oorlogen, machtsstrijden en politieke gebeurtenissen, ik was niet geboeid door de tijdgeest of de economische omstandigheden.

T. & T. Selter was nooit geïnteresseerd in geschiedenis, bedenk ik nu, maar dat is ook niet waar. Of het is slechts de halve waarheid, want Thomas is geïnteresseerd in geschiedenis. Thomas leest Jocelyn Miron, hij leest over *rises and falls*. Hij wil begrijpen. Hij wil verklaringen, samenhangen en historische inzichten.

Maar ik was nooit geïnteresseerd in geschiedenis, en als ik denk aan de honger naar geschiedenis waar Philip en ik altijd de draak mee staken als we aan de toonbank in zijn winkel zaten, denk ik dat ik die altijd al wat merkwaardig heb gevonden. Het was iets waar anderen door waren bevangen. Onze klanten. Verzamelaars. Mensen met een hang naar het verleden. Een verlangen naar vervlogen tijden, een soort nostalgie, een behoefte om betekenisvolle verbindingen tot stand te brengen met gebeurtenissen en mensen die er allang niet meer waren.

En nu was ik er zelf door bevangen. Een toevallige munt, en ik wil er meer over te weten komen. Over Annona en Antoninus. Over de Romeinen en hun grenzen. Over goden en keizers, munten en graanhandel.

Er voer een schip langs terwijl ik over het water zat uit te kijken. De zon was doorgebroken en ik stond op en liep de stad in. Ik was onrustig, maar mijn onrust liet zich niet weg lopen. Ik kocht een brood bij een bakker waar ik nog niet eerder was geweest. Ik ging een boekwinkel binnen. In het begin liep ik wat verloren rond, maar algauw viel mijn oog op een boek met een zwart-wittekening op de voorkant, een kaart van de grenzen van het Romeinse Rijk. Ik had de kaart eerder gezien, waarschijnlijk in een boek of in een museum, en ik kocht het boek en stopte dat in mijn tas. In een andere boekwinkel vond ik nog een paar boeken, en ik ging bij een supermarkt langs waar ik een plastic bakje met een salade kocht waarop een grote gele sticker zat waaruit bleek dat de salade aan het einde van de dag weggegooid zou worden.

Vervolgens liep ik terug naar de Wiesenweg, waar de sestertie rustig naast een gebarsten kopje lag. Ik haalde mijn boeken uit mijn tas en ging aan het tafeltje in de keuken zitten.

Misschien was het simpel: ik was gevangen in de tijd en daar lag de sestertie. Ooit was hij gewoon metaal geweest, gesmolten, vloeiend, vormeloos, tot hij plotseling tot stilstand was gekomen op het moment dat hij bestempeld werd met Antoninus Pius en Annona en een modius en korenaar en de rest. Pling. Naar de stapel met net geslagen munten. Een gestopt moment.

En de Romeinen waren gestopt. Een lange reis en toen kwamen ze niet verder. Ze hadden de grens bereikt, ze bewogen een stukje vooruit en dan weer terug, en toen waren ze gestopt en bouwden ze een muur en het rijk groeide niet verder. Een wankelen op de plaats. Stop. Verankerd. Pling.

En daar zat ik, in achttien november, en ik kon niet verder. Pling. Gestopt. Hetzelfde verhaal. Was het vreemd dat de munt mijn belangstelling wekte? Niet speciaal. Was het verwonderlijk dat de grens van de Romeinen mij nieuwsgierig maakte? Niet echt. De munt. Het Romeinse Rijk. Tara. Stop. Verankerd. Pling. We waren uit hetzelfde hout gesneden.

Er viel nog een beetje zon in mijn tuin en ik ging buiten zitten met mijn salade, in mijn gouden kooi op de grens van het Romeinse Rijk, en nu zit ik hier aan de tafel die ik van de keuken naar de kamer heb verplaatst, met de munt naast me. Ik heb de boeken en mijn sestertie op de tafel gelegd en de hele tijd voel ik deze drang of honger of wat het ook is dat maar niet wil verdwijnen. Ik voelde het toen ik in de tuin zat in de laatste zonnestralen voordat de zon achter de kerktoren verdween, ik voelde het terwijl ik de meubels in het appartement verplaatste, en toen ik naar bed ging nadat ik een paar uur in de boeken had gelezen. Ik voelde het toen ik gisterochtend wakker werd en de hele dag gisteren, en ik voel het nu het weer avond is en ik de dag doorgebracht heb met willekeurige uitstapjes naar de wereld van de Romeinen: ik heb een opdracht gekregen, een richting. Er is iets in gang gezet en ik moet mee, of ik wil of niet.

Meteen nadat ik gisterochtend wakker was geworden ging ik de stad in. Ik sloeg mijn ontbijt bij Café Möller over en aan het eind van de ochtend was ik al in de bibliotheek geweest en had ik een tas vol boeken geleend. Ik nam ze mee naar een café dicht bij de bibliotheek en begon te lezen, en al vrij snel besloot ik om ook een computer te gaan kopen. Dat had ik tot dan niet nodig gevonden. Ik was naar bibliotheken en hotellobby's gegaan, en ik had mijn telefoon, die weliswaar de verbinding met de buitenwereld verloor zodra hij niet meer gebruikt werd, maar geactiveerd kon worden als het nodig was, maar dat was niet genoeg meer. Ik had een vaste verbinding nodig en even later kocht ik een laptop, die ik samen met de boeken meenam naar het appartement.

De volgende stap was toegang krijgen tot het internet. Toen ik het appartement huurde had mijn huisbazin verteld dat er internet was in het pand, ik had alleen maar een wachtwoord nodig. Dat had ik niet gekregen toen ik het appartement huurde, maar dat was ook niet nodig geweest. Ik hoefde niet aan een netwerk gekoppeld te worden, want er was niemand met wie ik verbonden moest worden en ik had geen behoefte om iets uit te zoeken.

Nu had ik het wachtwoord nodig en ik begon meteen te bedenken hoe ik dat zou kunnen krijgen. Eerst dacht ik dat ik mijn ontmoeting met de eigenaar van het appartement moest herhalen, die natuurlijk vergeten zou zijn dat ze ondertussen een huurder had en daarom in de overtuiging verkeerde dat het appartement leeg stond. Ik moest ervoor zorgen dat het appartement er onbewoond uitzag, ik moest opnieuw naar de verhuurder bellen, ik moest opnieuw aandringen, haar opnieuw overreden, het appartement opnieuw huren, dit alles met het enige verschil dat ik er deze keer voor moest zorgen dat ik ook meteen het wachtwoord voor het internet zou krijgen. Vervolgens dacht ik dat ik in plaats daarvan bij een van de andere huurders in het trappenhuis zou kunnen aankloppen en me voorstellen als de nieuwe huurder op de begane grond en vragen om het wachtwoord, of ik zou een mobiele netwerkverbinding kunnen installeren, maar ineens dacht ik aan een envelop die ik op mijn deurmat had gevonden in de middag van de dag dat ik het appartement had gehuurd. Ik had hem in mijn tas gestopt en een paar dagen later toen ik mijn tas opruimde had ik de envelop in de keuken gelegd. Ik had gezien dat hij een sleutel voor de brievenbus in de portiek bevatte, maar aangezien ik geen post verwachtte te krijgen, had de envelop eerst op het aanrecht gelegen en later had ik hem in een kast in de keuken gelegd. Ik pakte de envelop, die tegen een waterglas achter in de kast stond, en inderdaad: mijn attente huisbaas had niet alleen de sleutel voor de brievenbus in de envelop gedaan, maar ook een briefje met het wachtwoord voor het internet. Ik toetste het wachtwoord in en meteen had ik toegang tot alles wat ik nodig had.

903

Het is een merkwaardig zoeken. Het begint zodra ik mijn ogen open: mijn geestdrift, mijn gedrevenheid, mijn vreemde drang tot weten. Het voert me door de dag, drijft me het appartement uit en maakt dat ik aan de tafel in de woonkamer ga zitten. Het is een zoektocht die niet te stoppen is. Mijn boeken liggen opengeslagen op de vloer van het appartement. Er liggen papieren met aantekeningen en lijstjes van dingen die ik aan het onderzoeken ben. Ik heb boeken in huis gehaald, ik heb geen boekenkasten, maar de vloer moet maar dienst doen als boekenkast. Ik heb een lamp gekocht die ik aandoe als ik merk dat het avond is geworden. Ik ga in de leunstoel zitten met een boek of twee. Soms val ik in de stoel in slaap, maar vaak ga ik gewoon naar bed, en zodra de dag begint is hij er weer, mijn geestdrift, mijn zoektocht die niet te stoppen is.

Ik kan wel een pauze inlassen. Ik ben in de zon in de tuin gaan zitten. Ik laad me op. Ik pauzeer in de zon, maar niet lang.

 # 927

Het begint met een blanco ochtend. Een plotseling ontwaken. Ik neem de laptop bij me in bed, zet hem aan en mijn ochtend begint. Elke dag gebeurt hetzelfde: ik toets het wachtwoord in en alles wat ik opgezocht heb is weg, maar dat houdt me niet tegen. Het is zoals het is. Ik kan geen documenten of bestanden opslaan, ik heb geen geschiedenis, want 's nachts verdwijnt het allemaal. Zo werk ik. 's Morgens word ik wakker. Ik zet de laptop aan en begin. Ik loop rond in de wereld van de Romeinen, ik zoek en verzamel, ik beweeg mee in willekeurige cirkels. Ik volg een ingeving, een vraag, iets waarover ik me verbaas. Ik word verder geleid, ik loop rond met een zaklamp in mijn hand en schijn in alle hoekjes, ik til een gordijn op, ik blaas wat stof van een zin.

In de loop van de ochtend kom ik mijn bed uit en ga aan de tafel zitten. Ik haal wat ik nodig heb uit de stad, ik ga in de middagzon zitten en 's avonds zoek ik mijn leunstoel op. Ik lees of probeer me te herinneren wat de dag me gebracht heeft. Laat in de avond ga ik naar bed en de volgende ochtend begint alles weer van voren af aan.

Aanvankelijk was ik onrustig. De eerste avond nadat ik mijn laptop had gekocht, legde ik alles voorzichtig bij elkaar naast me in bed. In de loop van de nacht werd ik een paar keer wakker en controleerde of alles er nog lag, en 's morgens was alles er nog steeds, de computer en de kabels en de boeken en de rest, behalve de informatie die ik had verzameld. Die was weg, precies zoals je kon verwachten: zoekresultaten, documenten en artikelen, alles was verdwenen, en het wachtwoord moest ik opnieuw intypen, maar dat verbaasde me niet en het was ook geen probleem. Het gaf ook vrijheid, dacht ik, als ik vergeefs een artikel probeerde terug te vinden dat ik nog niet had gelezen. Achttien november is een losse wereld, dat weet ik maar al te goed, je kunt die niet vasthouden. Hij heeft telefoons die het niet meer doen, een memorystick die gewist blijkt, wachtwoorden die steeds weer opnieuw ingetypt moeten worden, zoekresultaten die in de loop van de nacht verdwijnen. Iedere ochtend is alles verdwenen en achttien november begint weer met een schone lei.

Zo zoek ik mijn weg in de wereld van de Romeinen. Ik ga nergens gericht heen, ik heb geen strategie. Ik hoef mijn doodlopende wegen niet te verwijderen, dat doen ze zelf wel. Ik kan niets vasthouden. Ik heb mijn geheugen, ik noteer titels, namen of websites en laat de vergetelheid de rest doen.

Zo verstrijken de dagen. Een voor een. Ik word wakker en verdiep me in de geschiedenis. Ik voel dat mijn hersenen groeien. Ze groeien door het vele onthouden en ze groeien door alles wat ik vind. Ze groeien door het vergeten, ze laten los, ze laten plaatsen leeg en de volgende dag zoek ik nieuwe kennis voor de lege plaatsen.

Af en toe word ik 's nachts wakker in het besef dat mijn hand op het koele oppervlak van de laptop ligt. Ik word onrustig. Het voelt alsof er iets is verdwenen en ik weet dat de vergetelheid is begonnen, het digitale geheugen is bezig zichzelf te wissen. Ik kom overeind. Ik kijk om me heen, maar mijn wereld is er nog. Ik luister naar de nacht, en als het raam naar de tuin openstaat kan ik de mispel horen die in de wind beweegt en misschien een enkel *danke* van een vallende vrucht. Ik hoor een ver geronk van auto's en als ik niet in slaap val kan ik de eerste trams in het duister van de ochtend horen vertrekken.

956

Hoe noem je een leegte die iets in beweging zet? Hoe noem je een geestdrift die je niet kunt negeren? Hoe noem je een zoeken dat nooit stilstaat? Ik geef er woorden aan. Drang, honger, verlangen, wens, impuls. Ik noem het belangstelling, hang naar kennis, honger naar geschiedenis, verlangen naar het verleden, maar dat is niet precies genoeg. Het is een open onrust, een leegte zonder doel. Ik zet mijn stoel in de tuin. Ik luister naar de mispel. Hij staat daar alsof er niets is gebeurd, rustig in een licht briesje.

Ik wil meer weten. Het is een machine, een dorsmachine die in beweging is gezet. Ik wil verder. Ik bevracht mijn lastdieren, ik span mijn paarden in, want ik wil verder, ik kijk alle kanten uit. Ik wapen me met geduld, ik zoek en verzamel.

Ik volg de bewegingen van de Romeinen. Ik volg ze als ze wegen in het landschap aanleggen. Ik volg ze naar de grenzen die jaar na jaar verschuiven. Ik ben onderweg, we expanderen, we willen verder. Ik ga het leger achterna als het marcheert. Ik loop met de legioenen mee, welke kant ze ook uitgaan, in volle bepakking en met wapens en kuddes koeien of schapen. Ik volg ze als ze hun kamp opslaan of veldslagen leveren, als ze stelen, plunderen en handeldrijven.

Ik volg hun vijanden en hun bondgenoten. Ik bekijk ze van een afstand. Ik ga op een heuvel staan, ik volg de gevechten en raap wat oorlogsbuit op van een slagveld. Ik leen een paard, een strijdwagen, ik bind sandalen aan mijn voeten. Ik reis met olifanten, een zware tocht, in de sneeuw, over bergen. Ik zit aan de kust, bijna onzichtbaar, als de roeiers vanachter een kaap een oorlogsschip in een hinderlaag lokken, ik volg eerst de een, dan de ander en dan ga ik weer terug en ga aan land waar vrede heerst.

Ik wil verder. Ik wil ploegen en oogsten, ik wil verzamelen, ik wil zoeken, ik wil verder. Er is een deur opengegaan. Het tocht. De wind ruist door de kamer. De wind in de zeilen. Een schip op zee. De roep van de stuurman. We varen, een vloot, schepen volgeladen met graan. Ik denk aan ratten en insecten, aan piraten en stormen. Ik klim in de mast en zie havens en vuurtorens. Ik ben erbij als de graanwegers het graan wegen en de dragers de zakken dragen. Ik vaar met de schuiten mee over de rivier en nu hoor ik het lawaai van de stad. Gebouwen verrijzen in het landschap. Kranen, molens en takels. Het cement, dat alles bijeenhoudt.

Ik snel langs demonstratief oprijzende aquaducten. Ik hoor het water boven me wegvloeien en ik volg het als het de steden instroomt naar reservoirs, fonteinen en huizen. Ik bekijk de afvoerkanalen van de Romeinen, de rioolbuizen onder de wegen. Ik wil meer weten. Hoe zijn ze gebouwd en hoe hebben ze die uitgevonden? Nee, zij hebben ze niet uitgevonden. Ze hebben ze afgekeken van de Etrusken, ook de aquaducten.

Ik zie meer steden in het landschap verrijzen, villa's langs de kust en meer wegen. Ik volg de aanvoerlijnen, continu nieuwe voorraden die kriskras door het rijk worden aangevoerd. Het zout komt uit Klein-Azië en de olijfolie uit Hispania. De wijn komt uit de zuidelijke streken, vruchtensiroop en vissaus zit in grote vaten. En continu komt er graan uit Egypte, van Sicilië en Sardinië en van overal langs de Noord-Afrikaanse kust, iedereen levert graan, nu komt het van de akkers in Britannia en graan wordt zelfs helemaal van Moesië aan de Zwarte Zee naar Rome verscheept.

Ik hoor de molens malen, aangedreven door ezels, door water en dan de slaven, altijd maar slaven, en het brood dat wordt gekneed, gevormd en gebakken in de ovens van de bakkerijen. Ik zie dat ze de vuren aansteken met hout van oude wijnstokken en nu loop ik door hun wijngaarden, langs hun boerderijtjes en enorme productieboerderijen waar de slaven oogsten, planten en zaaien. Een van de slaven werpt me een blik toe. Daardoor blijf ik staan. Mijn speurtocht is monstrueus. Ik ben een monster dat meer wil weten. Ik plunder hun geschiedenis met een vertraging van tweeduizend jaar en nu kan ik er geen genoeg van krijgen.

Ik ben erbij als er wilde dieren uit verre streken van het rijk arriveren: olifanten, giraffen, krokodillen en tijgers. Ik zie de paarden draven op de renbaan, ik zie het publiek toestromen voor gladiatorengevechten of komedies, maar nu moet ik verder, want nu volg ik het postwezen, verzegelde brieven die verzonden worden van stad naar stad, van kamp naar kamp. Ik hoor het geluid van paarden en muildieren. Ik volg de wegen naar Rome en naar de kust helemaal tot aan de grenzen van het rijk, maar dan moeten we de bergen in naar de mijnen, want de Romeinen hebben metaal nodig. Er moet tin vervoerd worden, er moet koper en lood worden gewonnen. Er moet zilver en goud gedolven worden. Ik zie de Romeinen onderhandelen met aannemers en transporteurs, terwijl ze nieuw land veroveren en voorraden verplaatsen. Er worden mijnen gegraven in Hispania's bergen, er wordt in grote hoeveelheden goud gedolven en nu zijn de tinmijnen bijna leeg, dus moeten we tin halen uit Britannia, overal komen er gaten in het landschap. We hebben de vulkanische aarde van Puteoli nodig voor het cement. Tuinen en amfitheaters en badinrichtingen schieten als paddenstoelen uit de grond. Het cement is eeuwig, Rome is voor altijd en het rijk kent geen grenzen.

De hele dag zoek en vind ik. Ik loop de huizen in, ik sluip slaapkamers en keukens binnen. Ik ruik aan de gerechten die de keuken uit gedragen worden en eet de restanten, mocht er iets over zijn, als de schalen weer terugkomen in de keuken.

Ik wil niet alleen maar restjes, ik kijk geheimen af van de kok, technieken van de bakker. Ik bereid mispels in honing, ik kook vruchtensaus van verschrompelde druiven en bak een brood, een *panis quadratus*, dat rond is en moet rijzen met zuurdesem en gekneed, gevormd en overdwars ingesneden moet worden. Ik bind een touwtje om het brood, want zo moeten ze het gedaan hebben, en zet het in mijn oven.

Ik vind schalen en potten, ik volg de pottenbakkers en nu ook de glasblazers. Het gieten van glas hebben ze geleerd van de Grieken, maar nu trekken de glasblazers weg uit de zuidelijke provincies, ze brengen natron mee uit Wadi Natroen en het duurt maar even of binnen de kortste keren wordt er overal glas geblazen, een glazen beker voor een sestertie, een goedkope, maar ze zijn er in alle kleuren en vormen, en ze verspreiden zich over het hele rijk dat zich uitbreidt als een glas dat wordt geblazen, een kom, een bekken, een rijk dat groeit. Ik ga mee als ze in noordelijke richting uitbreiden en nu gaan we de bossen in. We hebben hout voor de ovens nodig en ik volg ze tussen de bomen, dan worden de bossen gekapt en tot houtskool gebrand dat over de weg wordt vervoerd, en dan is het weer avond.

Ik ren de hele dag rond, raak buiten adem en 's avonds ben ik moe van het achter de Romeinen aanrennen. Ik stop, ik ga in bed liggen en ontspan, en voor ik er erg in heb is de nacht voorbij en hervat ik mijn zoektocht.

981

De dagen lijken op elkaar. Ik vind kaarten van steden en straten. Ik verzamel ontwerpen van huizen en thermen, theaters en havens. Ik lees verslagen van veldslagen en veroveringen, van machtsstrijden, intriges en moord. Ik heb lijstjes van giftige kruiden, legers en legioenen, gegevens over oorlogsbuit en doktersvoorschriften bij blaasontsteking, botbreuken en jicht. Ik verzamel plaatjes van voorwerpen voor dagelijks gebruik, van kleren en sieraden en ingewikkelde vlechten van vrouwen.

Ik vind berekeningen en maten: de afmetingen van graanschuren en de tonnage van schepen, het aantal bewoners in de steden en de grootte van de legioenen. Ik vind cijfers over wijnproductie en olijvenoogst, schattingen van het graanverbruik per Romein per dag, berekeningen van het aantal slachtoffers van de pest en het waterverbruik in de steden.

Het is een koor van stemmen: verslagen van geschiedschrijvers, inscripties vanuit het hele rijk, graffiti op de muren, brieven, toespraken, gedichten, decreten en wetten. Ik luister naar de beschrijvingen van reizigers van vroeger, het ontzag voor een Romeins gebouw, de verbijstering bij de tempel en de angstige verrukking bij de geur van de dampen van de Vesuvius. Ik luister naar de discussies van de archeologen en de berekeningen van de economen, de meningsverschillen, de achterklap. Ik lees over oude studies, aloude waarheden, nieuwe theorieën, de laatste laboratoriumresultaten en vreemde speculaties.

Mijn geheugen zit vol. Het zit vol met Romeinen die door de straten lopen te schreeuwen of brieven aan elkaar schrijven. Het zit vol schatzoekers en landmeters, bouwmeesters en architecten die door de eeuwen heen druk op zoek zijn naar overblijfselen van de wereld van de Romeinen. Ik ontmoet historici, filologen en archeologen, daarnaast ook nog oceanografen en archeobotanici, geogenetici, maritieme geografen en experts op het gebied van archeologische scheikunde.

Ik word tegenwoordig onrustig van alles wat er 's nachts verdwijnt, en nu heb ik een printer aangeschaft. Ik heb papier en mappen, ik heb kasten voor mijn mappen gekocht en de printer stuurt bladzijde na bladzijde mijn kamer in. Foto's en artikelen, overzichten en velletjes met losse notities. Er liggen extra inktpatronen bij de printer en als het avond wordt print ik uit wat ik gevonden heb. Ik stop alles in mappen en ga slapen, en voor ik het weet is de nacht voorbij.

992

Mijn dagen zijn eenvoudig, mijn hoofd zit vol, mijn nachten zijn rustig. Ik word 's morgens wakker en zet de laptop voor me op bed. Ik lees boeken en maak aantekeningen. Ik download illustraties en lezingen, presentaties, artikelen en films. In de loop van de dag ga ik aan de tafel zitten en tegen de avond ga ik printen en neem alles met me mee in bed, de uitdraaien en de mappen waarin ik ze heb geordend. De eerste nacht liggen ze naast mijn kussen als ik slaap, maar vervolgens kunnen ze op de stoel liggen. Dus had ik toch twee stoelen nodig. Een om op te zitten en een om te onthouden.

1021

Ik heb iets akeligs ontdekt. Nou ja, het is geen grote ontdekking, maar ik vind het nu wel akelig: dat alles bij de Romeinen een vat is.

Er zijn vaten in de wereld. Natuurlijk is dat zo. Op zichzelf vind ik dat niet verontrustend. In een ervan ben ik gevallen, in het vat van de tijd. Dat is het punt niet. Maar alles wat de Romeinen aanraken verandert in een vat. Het is niet alleen Annona die daar met haar modius staat. Het zijn niet alleen al die pas geblazen glazen, al die bekers, flacons en vazen van de Romeinen. Niet alleen de amfora en schalen, kannen, potten en pannen, huisraad van leer of hout. Niet alleen de kruiken voor olijven en kookpotten en gevlochten manden, die constante stroom van dagelijkse containers die gevuld en geleegd worden, terwijl ik de huizen en werkplaatsen van de Romeinen in- en uitloop. Ik onderzoek hun vaten, ik draai ze om, ik neem het deksel van een kruik en als ik dat omkeer zie ik dat ook het deksel een vat is. Ik zet het weer terug in een wereld van vaten en kruiken.

Ik loop achter een vrouw aan die een poort binnengaat en dan staan we daar in een atrium met rondom kamers en een opening in het plafond. Een huis is een vat geworden waar het licht midden in valt en waar water in een bassin stroomt als het regent. En de woningblokken in de bescheiden wijken zijn vaten. Ik breng ze een bezoekje, ik klop niet aan, ik ga gewoon naar binnen en het zijn vaten van verschillende verdiepingen met muren aan de straatkant en appartementen rond een lege ruimte, een tuin, een schacht, een kern, waar het licht naar binnen kan vallen.

Ik dwaal over de bouwplaatsen van de Romeinen waar ze vat na vat bouwen, niet plat, geen open halve cirkels en niet meer zo langgerekt als voorheen. Alles krijgt nu steeds hogere muren, verdieping na verdieping, renbanen met muren eromheen, steeds meer etages, helemaal ronde amfitheaters, steeds diepere vaten, we eindigen de hele tijd in een kuip, een doos, een kruik, en ik sta op de bodem ervan en kijk omhoog: een open ruimte. Ik kan de hemel zien, ik ben in het vat gevallen en ik kan er niet meer uit komen.

Ik bestudeer hun havenwerken, groter en groter, en de pakhuizen die in een boog langs de kade liggen. De haven probeert de zee te omvatten alsof die een kom is. De schepen meren niet aan bij een kust, een open haven, een baai die de zee heeft gevormd. Ze komen aanvaren met al hun ladingen, vloten van schepen, ze zien land, ze strijken de zeilen en varen tot diep in de havenkom: een vat met muren eromheen.

Ik bezoek de badhuizen waar mensen zich in caldaria en frigidaria laten zakken, de ene kuip na de andere en ik volg de mensen door de vertrekken, ik laat me in hun badkuipen zakken, ik zwem in hun natatoria met een opening naar de hemel, een zwemvat.

En ook de tempels zijn vaten geworden. Ik stap het Pantheon binnen, op de vloer valt licht en hoog boven in de koepel is een oog naar de hemel, een machtige oculus, en nu ook de graven, een mausoleum dat van boven openstaat en dan nog één en nog één, verspreid over het rijk, vaten ter ere van de doden.

En de steden, natuurlijk. De steden zijn vaten, dat is niets nieuws. Steden hebben altijd al muren gehad en

Rome groeit uit zijn muur en er moet gauw een nieuwe gebouwd worden, groter en hoger. Maar het hele rijk is een vat geworden, het vat van de Romeinen, en de muren grenzen het rijk af. Er zijn al grenzen in het zuiden en nu lopen de muren helemaal langs de noordgrens, en ook in Britannia schieten de muren uit de grond, eerst de muur van Hadrianus, dan die van Antoninus iets verder naar het noorden en dan weer terug, en daar stopt het rijk. Britannia zit ook in het vat. Stop. Pling. Het beeld is af.

Dat is wat me beangstigt. Dat alles tot vat is geworden. Het rijk zonder grenzen heeft muren gekregen, het is een schaal, een kuip, en de Romeinen komen nooit verder.

Maar wat moeten ze met al die muren? Waarom stoppen ze nu? Waarom gaan ze niet door? Waarom houdt het rijk op met groeien, stoppen de legers met veroveren, stopt de glasblazer met het groter blazen van het rijk, waarom hebben ze een touw om het brood gebonden zodat het niet kan groeien?

Ik wil weten waarom. Ik zoek naar antwoorden, maar ik ben in het vat van de Romeinen gevallen, ik word wakker en zoek, ik lees en zoek, en als het avond is geworden ga ik slapen en voor ik het doorheb is de nacht voorbij.

1041

Mijn cirkels zijn groter geworden. Ik ben naar musea en lezingen geweest. Ik ben het landschap in gegaan. Ik heb het aquaduct bekeken dat het water van de Romeinen naar Keulen voerde. Ik ben in Osnabrück en in Kalkriese geweest waar Quinctilius Varus dertigduizend soldaten verloor. Ik heb *Limes Germanicus* bezocht en stukken van de grensmuur gezien. In het vroege ochtendlicht ga ik op pad, maar ik ben altijd voor het eind van de dag terug. Ik installeer me in mijn leunstoel, ik lees artikelen over het tot stilstand komen van de Romeinen, ik ontdek nieuwe theorieën en studies en aanvullingen op oude verklaringen.

Ik lees over Varus die zijn legioenen in verschillende eenheden door het Teutoburgerwoud laat marcheren, maar Arminius, de aanvoerder van de Cherusken, lokt hem in een hinderlaag. Drie legioenen worden in de pan gehakt en nooit heringesteld, nummer 17, 18 en 19 staat er en ik schuif een beetje heen en weer op mijn stoel. Er zit een gat in de reeks en ik lees over keizer Augustus die met zijn hoofd tegen een muur beukt: *Quintili Vare, legiones redde*, riep hij. *Geef me mijn legioenen terug*. Maar Augustus krijgt zijn legioenen niet terug en het Romeinse Rijk komt tot stilstand, want Arminius was de Romeinen de baas, en een paar eeuwen later heet hij ineens Hermann en is een Duitser geworden. Een volksheld, bevrijder van de Germanen, koning van het Teutoburgerwoud. De mensen bouwen een monument voor zijn daden, een Romeinse tempel zonder een opening bovenin, want daar troont Hermann, op het dak waar het oog naar de hemel zou moeten zijn.

Maar stagneert een wereldmacht omdat een legeraanvoerder in een hinderlaag wordt gelokt? Een groot rijk dat zich niet kan verdedigen tegen verspreide stammen in onderlinge verdeeldheid? Er zijn altijd grensoorlogen geweest, nederlagen en legioenen die in de pan gehakt werden. Dat heeft de Romeinen nooit verhinderd om te expanderen. Ik aarzel en zoek andere verklaringen. Ik lees over allianties en handel, over gevechten en migraties, ik hoor over interne conflicten, over ziekte en dood, over epidemieën en voedselschaarste. Ik lees over roofbouw op de natuur, uitgeputte akkers, degeneratie van zaad, barstjes in de instituties. Ik denk aan monsters in vaten die hun wereld opeten. Een historicus is van mening dat Rome van binnenuit verbrokkelde, een kolos op lemen voeten die muren moest bouwen om zich af te schermen tegen de verbrokkeling. Een andere stoft de mythe over Arminius en de sterke Germanen af, want terwijl het Romeinse Rijk groeit en bloeit, warmen de barbaren zich aan het Romeinse vuur en nemen ze toe in kracht. Niet een verkruimelend rijk, maar een machtig imperium verdedigt zich tegen sterke barbaren, oprukkende hordes. Vanuit het noorden worden ze teruggedrongen, de expansie stopt. Een econoom oppert dat de muur van de Romeinen helemaal geen verdedigingswerk is, maar een drempel, een toegangspoort. De Romeinen voelen zich helemaal niet bedreigd. Ze ruiken winst. De noordelijke volkeren willen meedelen in de Romeinse handel en rijkdom en Rome bouwt muren om meer controle te krijgen. Nu kunnen de Romeinen handeldrijven, de mensenstromen reguleren en belasting heffen op alles wat er passeert. Een grens is een manier om te groeien en het rijk groeit verder achter de muren, het rijst groot en knapperig als een versgebakken brood uit Pompeï. Een archeobotanicus bericht van graanhandel en klimaatverandering, van onlangs ontdekte bakovens en sporen van pollen, en nu blijkt de rogge ineens de voortgang van de Romeinen te hebben gestopt. Ik hoor vertellen over teeltmethodes en groeicondities, en het antwoord is duidelijk: de Romeinen stuitten op de roggebroodgrens. De noordelijke landschappen zijn te koud geworden, het telen van tarwe is moeilijk, de opbrengst onzeker, er wil alleen maar rogge groeien.

Ik zit in mijn leunstoel en lees dat de Romeinen gewoon uit zichzelf zijn gestopt. Ze hadden kunnen expanderen, dat zou de Romeinen weinig inspanning hebben gekost. Ze hadden de legioenen opnieuw kunnen instellen en heel Germanië kunnen veroveren, maar dat deden ze niet, want er viel niets te veroveren. Geen tarwe – geen Romeinen. Arminius had zich de moeite kunnen besparen, de Romeinen zouden hoe dan ook gestopt zijn, want niet de Varusslag, niet de mogelijkheid om belastingen te heffen en niet de strijdlustige barbaren of interne verbrokkeling zorgden ervoor dat de Romeinen stopten. Het was de geur in de bakkerij, want rogge kan alleen gegeten worden als er hongersnood dreigt. Van deze bittere graansoort krijg je buikpijn, zelfs al meng je die met spelt, beweerde Plinius, en de lijfarts Galen zegt over dat donkere brood dat van rogge wordt gebakken: het ruikt onaangenaam en is slecht voor de gezondheid.

Antoninus is gestopt, en Annona staat daar met haar modius, maar haar vat is leeg, want ze is veel te ver in het noorden beland. Ik kom uit mijn stoel en ik mis nog steeds een verklaring, want stopten de Romeinen echt omdat Plinius buikpijn kreeg van rogge?

Ik weet het best: ik heb er geen antwoord op. Het Romeinse Rijk is mijn spiegel geworden en nu ben ik de spiegel binnen gegaan en kan ik er niet meer uitkomen. Ik weet niet waarom de Romeinen gestopt zijn. Misschien wilden ze niet verder. Ze stopten en bouwden een muur. Omdat ze niet verder wilden. Misschien wilden ze gewoon in een vat wonen met uitzicht op de hemel en de wolken.

 # 1053

Maar ik laat mij niet stoppen en nu wil ik verder. Mijn

cirkels worden groter. Ik plan reizen naar de muren van Hadrianus en Antoninus. Ik denk erover om naar andere delen van het rijk te reizen, maar ik voel een verandering nu. Ik lees en zoek of ik zit aan het water in de middagzon naar de schepen te kijken die voorbijvaren over de Rijn, waarna ik terugloop en bij mijn mispel in de tuin ga zitten.

Ik voel een verschuiving in hoe ik zoek. Ik ben niet langer ongeduldig. Ik voel een koele nieuwsgierigheid, alsof mijn geestdrift verflauwd is, niet heel erg, maar genoeg om het een beetje koud te krijgen in mijn tuin en mijn stoel mee naar binnen te nemen.

 # 1064

Het is een andere bezieling. Een voorzichtige geestdrift. Ik ga sinds kort naar de universiteit, meestal in Düsseldorf, maar soms bezoek ik Keulen of steden in de buurt.

De eerste keer dat ik de tram naar de universiteit nam kon ik de weg niet vinden. Ik moest een paar keer overstappen, want ik was verdwaald. Ik had het bijna opgegeven, maar nu ga ik er vaak in de loop van de ochtend heen. Ik stop mijn laptop, papier, balpen en een woordenboek in mijn tas. Ik zit met mijn medestudenten in de tram, we lopen samen naar de hoofdingang, ik ga naar colleges, niet alleen over de Romeinen, nu volg ik colleges over handel in olie in Mycene, over de landbouw van de Franken, over Griekse havens, over medicijnen in de antieke oudheid of de ineenstorting van het bronzen tijdperk in het Nabije Oosten. Ik heb horen vertellen over prehistorische migraties, pas ontdekte scheepswrakken en de ziektes van de korenvelden in de middeleeuwen.

Het is vreemd om me na zo'n lange tijd tussen de dode Romeinen weer tussen de levenden te begeven. Ik loop met langzame passen, ik hou me op de achtergrond als we een auditorium binnenlopen, ik ga bij de koffieautomaat in de rij staan en schuifel tussen de boekenkasten in de bibliotheek. Ik stel voorzichtig vragen aan de persoon naast me, in het Engels en in een aarzelend Duits, en mijn medestudenten geven geduldig antwoord, een docent legt iets uit, een bibliothecaris loopt met me mee langs de rekken om een boek te zoeken dat ik graag wil inzien.

In het begin voelde het onwennig. Ik voelde me een beetje misplaatst tussen de studenten met hun kleine computertassen en rugzakken, de meeste zonder jas alsof ze thuis waren. Ik liep rond als een reiziger met een jas over mijn arm en een grote tas over mijn schouder. Ik voel me naakt zonder mijn tas, en ook al zou ik die in mijn appartement kunnen laten liggen, ik doe het niet.

Na een poosje merkte ik dat er ook anderen waren die er niet helemaal bij hoorden: mensen met jassen en reistassen, studenten die iets ouder waren dan de meeste anderen. Ik zie een aarzelende beweging, een zoekende blik, en nu is het gevoel dat ik me opdring naar de achtergrond verdwenen. Ik loop op mijn gemak rond, ik stap auditoriums en leslokalen binnen, bijna alsof het de gewoonste zaak van de wereld is. Ik ken het kantinepersoneel, de dagelijkse gang van zaken en de mensenstromen die door de gangen bewegen. Bij een lezing struikelde de spreker over een snoer en nu maak ik er een gewoonte van om als ik er ben even langs het lokaal te lopen en het snoer in een ander stopcontact te steken voordat ik verder loop naar een nieuw college of ander seminar.

Ik onderdruk mijn nieuwsgierigheid. Ik beweeg me voorzichtig tussen de levenden. Ik snuffel niet in hun tassen, ik blader niet in hun aantekeningen. Ik lees hun brieven niet. Ik loop ze niet achterna hun huizen in en ik ga niet onder de douche in hun badkamers. Ik neem geen foto's van hun sieraden, ik peuter niet aan een stukje schoen. Dat doe je niet. Misschien kun je je bukken om een boek op te rapen of een sjaal die ze hebben verloren, maar je onderwerpt hun eten niet aan nader onderzoek en vraagt niet waarom ze een touw om een brood hebben gebonden.

Ik heb me gespiegeld aan de Romeinen en nu wil ik

uit mijn spiegel. Ik zie mezelf in de winkelramen als ik 's avonds door de stad loop. Ik loop langs het restaurant aan de Wiesenweg en ik zie de gasten aan hun tafeltjes. Soms ga ik er naar binnen. Ik ga tussen de levenden zitten. Ik groet voorzichtig, maar ik stel ze geen vragen. Ik loop terug naar mijn appartement, ik lees en zoek, ik print een pagina of twee, ik ga naar bed en voor ik het weet is de nacht voorbij.

 # 1081

Ik zag mijn fietsendief vandaag. Dat denk ik tenminste. In hoog tempo de Wiesenweg af. Of ik hoorde hem, want door het geluid van de fiets keek ik op.

Het was vroeg in de middag, ik ging boodschappen doen en stond net buiten op de stoep toen ik dat gerammel hoorde, een fiets die nagekeken moet worden, een scheef spatbord of een verroeste ketting. De fietser reed snel voorbij, over de Wiesenweg naar de rivier. Het duurde even voordat ik het geluid had gelokaliseerd en geassocieerd met de fietsende figuur, maar zodra het tot me doordrong waar ik het geluid van kende zette ik de achtervolging. Ik rende zo hard ik kon over de Wiesenweg, met mijn tas over mijn schouder, langs geparkeerde auto's, mijn blik strak gericht op de fietser in de verte, maar het was onmogelijk hem in te halen en al gauw zag ik niet meer dan een silhouet in de verte.

Ik bleef buiten adem staan en begon meteen te twijfelen. Was het eigenlijk wel mijn fietsendief? Ik zag de kleuren van de thuisclub niet, misschien vergiste ik me. Ik haastte me naar de rivier en liep aandachtig zoekend langs het water, maar natuurlijk was de fietser verdwenen.

Nog steeds buiten adem ging ik op een bankje aan de rivier zitten, nu plotseling met een gevoel van verdriet, verlies, gemis. Eerst voelde het alsof de verdwijning van de dief me droevig stemde. De mogelijkheid hem te kunnen spreken. Maar ik weet niet waarover ik met hem had moeten spreken. Waarom hij mijn tas had gestolen, misschien. Maar ik had hem allang terug. Ik had hem bij me. Het deed er niet toe.

En toen moest ik plotseling aan het verdwenen boek met al mijn jaargetijden denken. *Fietsendief, geef me mijn jaargetijden terug*, wilde ik hem toeroepen. Alsof er iets te halen viel in een boek vol winter, lente en zomer. Ik wil mijn jaargetijden niet terug. Wat moet ik met jaargetijden die opgebouwd moeten worden uit fragmenten van november?

Ik dacht aan Thomas, die me vroeg alleen naar Parijs te gaan en aan Philip en Marie, die me wegstuurden met een Romeinse munt in een tasje. Ik dacht aan mijn ouders en aan wat ik mijn moeder beloofd had: dat ik een uitweg zou vinden, dat ik me naar een oplossing zou luisteren. Ik dacht aan de reizigers in de treinen, aan mijn diefstalletjes van hun gesprekken, maar ik weet best dat luisteren niet helpt.

Niet veel later stond ik op van het bankje en liep terug naar mijn appartement. Onderweg deed ik boodschappen in een kleine supermarkt, en toen ik bij het koelvak stond legde ik twee blikjes bier in mijn mandje. Ik had ineens zin om naar het stadion te gaan om de voetbalwedstrijd te zien, maar ik was de winkel nog niet uit of ik verloor alle moed of mijn belangstelling of wat het ook maar was, het was weg. Ik ken de uitslag. Ik weet wie er wint en verliest, en als de wedstrijd afgelopen was, zou ik daar weer staan. In een vat met zicht op de lucht en de wolken.

Toen ik kort daarop het appartement binnenging, sloeg de bedompte lucht me tegemoet. In de gang stonden zakken met afval. Op het aanrecht stonden stapels borden, kopjes met koffiekringen en bakjes met restjes salades erin. Er lagen gebruikte theezakjes. Er stonden een paar kommetjes met ingedroogde yoghurt, overal lagen boeken, papieren en lege inktpatronen, en midden op het aanrecht lag de Romeinse sestertie.

Ik pakte hem op, draaide hem rond, voelde zijn gewicht in mijn hand, een overblijfsel van mijn Romeinse zoektocht, achtergelaten tussen inktpatronen en vuile kopjes, afval van Tara Selter, nog steeds in leven en nog steeds gevangen in achttien november.

Ik baande me een weg door de kamer en deed de deur naar mijn tuin met de mispel open. Ik zette een stoel buiten, pakte een koud biertje en plotseling moest ik lachen, eerst aarzelend, maar even later zo hard dat ik ervan overtuigd was dat mijn gelach in de hele tuin en op de balkons om me heen te horen was, maar dat gaf niets. Je mag lachen als je je op de bodem van een vat bevindt met zicht op de hemel en weet dat je nooit een antwoord zult vinden op de vraag waarom je daar bent beland.

1106

Mijn zoektocht is niet langer een honger, het is geen verlangen of drang meer. Ik ga naar auditoriums en kantines, naar musea en bibliotheken, en als de dag voorbij is ga ik terug. Ik ga mijn appartement binnen en weet het best: de verklaringen die ik zoek zal ik niet vinden. Er komen nieuwe vragen en nieuwe antwoorden.

Ik loop door de stad. Ik heb mijn fietsendief niet meer gezien. Een paar keer ben ik de straat op gerend, omdat ik dacht dat ik een rammelende fiets hoorde, maar er was geen dief te bekennen.

Ik luister naar de wind en de mispel in mijn tuin. Ik luister naar het lichte getik van het toetsenbord van mijn laptop, want ik zit hier met de hele stapel papier uit mijn zwarte map voor me, alle losse blaadjes die ik heb volgeschreven in Clairon en Parijs, in mijn jaargetijden, in mijn gouden kooi, in mijn Romeinse vat.

Ik typ alles uit op mijn laptop, in een heel klein lettertype, en 's avonds print ik het allemaal uit. Ik luister naar de printer die pagina na pagina de kamer instuurt, mijn geschiedenis, een geschiedenis, iemands geschiedenis, en ik luister naar mijn geschiedenis terwijl ik die intyp, want ik ben ineens bang dat ik het allemaal kwijtraak, bang voor diefstal en brand, voor vergeten en verdwijnen, want er is niemand om het te onthouden, en plotseling zijn er alleen nog maar restjes over: lege schaaltjes yoghurt en bakjes met oude salade.

1132

Ik heb de dagen geteld en nu denk ik aan de kweeperen onder de struik bij het tuinpad, want binnenkort is het kerst. Ik zou kunnen teruggaan en alles weer vertellen, nu met jaargetijden en Romeinen erbij. Ik zou kunnen vertellen dat ik geen uitweg uit achttien november heb gevonden. Dat ik alleen maar vaten heb gevonden, het ene vat na het andere. Dat de tijd een ruimte is, een kuip, en dat ik erin gevallen ben. Maar ik weet helemaal niet of ik uit mijn vat wil ontsnappen. Misschien blijf ik hier. Misschien ben ik als de Romeinen. Misschien heb ik het zelf gebouwd.

 # 1141

Het is weer nieuwjaar, maar het is geen winter geworden. Het is geel en zacht buiten en ik zit op mijn stoel in de tuin, maar verder valt er niets te vertellen. Het is stil in mijn tuin, want er lacht niemand. Ik probeer het wel, maar meer dan een zacht lachje komt er niet uit.

 # 1144

Je moet nooit zeggen dat er niets te vertellen is. Of dat er niemand lacht. Het is kwart voor negen. Ik zit op mijn plekje bij het raam in Café Möller en ik heb veel te veel te vertellen en veel te weinig tijd, want ik heb een afspraak. Ik heb een afspraak met iemand.

Ik was hier al vroeg en ik heb al koffie besteld. We hebben om negen uur afgesproken bij het tafeltje aan het raam en er is iets te vertellen. Het gaat niet over de Romeinen, of misschien ook wel, maar het gaat ook over een man met een tas. Hij heet Henry Dale, maar dat wist ik niet. Er waren nog veel meer dingen die ik niet wist. Dat hij gevangen zit in een novemberdag bijvoorbeeld. De achttiende. Dat ik niet alleen ben.

Ik kijk op de klok. Zo meteen weet ik het. Of hij zich onze afspraak herinnert. Of hij komt.

Nee, nu. Ik weet het nu. Ik zie hem door het raam. Hij komt eraan, hij loopt naar Café Möller. Henry D. komt eraan en er is meer te vertellen, maar niet nu, want hij is bijna bij de deur, hij heeft mij niet gezien, maar de deur gaat open, er klinkt een bel met een licht ratelend geluid, en ik zie dat hij het café binnengaat.